Frank Franke

Mit dem TOYOTA PRIUS in die Zukunft

Frank Franke

Mit dem TOYOTA PRIUS in die Zukunft

CAR OF THE YEAR 2005

Hybrid-Technologie für das 21. Jahrhundert

Motorbuch Verlag

Einbandgestaltung: Dos Luis Santos

Abbildungsnachweis: Frank Franke, Toyota Deutschland GmbH, Toyota Motorsport GmbH

Vielen Dank für die freundliche Unterstützung an: Angelika Franke, Peter Wandt, Marc Schmidt

ISBN 3-613-02445-4

Copyright © by Motorbuch Verlag, Postfach 103743, 70032 Stuttgart.
Ein Unternehmen der Paul Pietsch Verlage GmbH & Co.

1. Auflage 2004

Sie finden uns im Internet unter
http://www.motorbuch-verlag.de

Lektorat: Martin Gollnick
Herstellung: IPa, Vaihingen/Enz
Druck und Bindung: Henkel GmbH, 70435 Stuttgart
Printed in Europe

Inhalt

Die Kraft aus zwei Herzen 7

Zur Einstimmung
Die Prius Challenge 2004 – Die Zukunft beginnt heute 8

Prolog:
Besuch beim Weihnachtsmann oder:
Der Zauber des Nordens 10

1. Tag
Von Rovaiemi nach Stockholm 34

2. Tag
Von Stockholm nach Kopenhagen 42

3. Tag
Von Kopenhagen nach Hamburg 50

4. Tag
Von Hamburg nach München 62

5. Tag
Von München nach Verona 72

6. Tag
Von Verona nach Rom 82

Das Abenteuer in Zahlen 99

Epilog
Clean Mobility mit Höhenrausch 101

Das Auto
Vorfahrt in die Zukunft 104

Anhang 144

CAR
OF THE
YEAR

2005

AUTOVISIE · AUTOCAR · VI BILÄGARE · L'AUTOMOBILE MAGAZINE · STERN · AUTOPISTA · AUTO

Die Kraft aus zwei Herzen

Zu behaupten, die Amerikaner hätten bisher ein besonderes Feingefühl für die Probleme der Umwelt gezeigt wäre wohl reichlich verwegen.

Im Land der monströsen Geländevehikel vom Stamme eines Hummer galt bisher vor allem der etwas, dessen Auto auch zum Einsatz in einem militärischen Konflikt geeignet wäre.

Vans und Geländewagen im Verbrauchshöhenflug bestimmten das Straßenbild.

Als vor einigen Monaten wieder die Oscars an die Sterne der Leinwand verliehen wurden zeigte sich ein völlig neues Bild.

Nicht nur Titanic Held Leonardo di Caprio, sondern auch Charlies Engel Cameron Diaz und Poplegende Sting fuhren in einem Toyota Prius vor. Selbst Air Force One Retter Harrison Ford flog nicht etwa ein, sondern fuhr mit dem umweltfreundlichen Hybrid Auto vor.

Mitgeholfen beim plötzlich erwachten Umweltbewußtsein in Amerika hat wohl auch der raketengleich in die Höhe geschossene Benzinpreis, der sich in wenigen Jahren gerade verdoppelt hat.

Dazu winkten nützliche Vorteile wie in einigen Bundesstaaten die Benutzung der sogenannten Fast Lanes, auch wenn der Fahrer allein und nicht mit mindestens zwei Personen versuchte die überfüllten Autobahnen zu befahren. Auch die Möglichkeit in Kalifornien völlig kostenfrei neben einem Dollar fressenden Parkometer stehen zu dürfen,

hat den Sparmobilen vom Typ Toyota Prius schneller als erwartet aus den Startlöchern geholfen.

Und noch eine seltene Erfahrung haben die Amerikaner dabei gemacht: Wer heute einen Prius kauft, kann ihn nicht einfach als schnelles Konsumgut mitnehmen, er muß einige Monate warten.

Sparmobile verkaufen sich inzwischen viel besser als selbst ihre Hersteller zu hoffen gewagt hatten.

Japans größter Autombilhersteller hat schnell reagiert und die Produktion angehoben. Anstatt der geplanten 80.000 Prius werden nun rund

180.000 pro Jahr gebaut und sicher auch verkauft werden. Rund 80.000 davon gehen übrigens in die USA, dem Land der bisher unbegrenzten Automobile.

Die eigentliche Sensation dabei ist, wie Japans Autobauer in Toyota City die anderen Autohersteller mit der serienreifen Hybrid Technik weltweit düpiert haben.

Eine anfangs belächelte Idee wurde zur erfolgreichen Innovation und ließ die Spötter im Abgasdunst zurück.

Anfängliche Behauptungen zum Beispiel über einen zu hohen Verbrauch erwiesen sich beim ehrlichen Test unabhänger Fachzeitschriften schnell als Unkenrufe. Die Autos mit dem Antrieb zweier Herzen aus Elektro und Benzinmotor erwiesen sich als ausgesprochen sparsam und Fahrzeuge, die nur mit einem gleichstarken Benzinmotor angetrieben wurden, gegenüber als überlegen.

Diese neue Öko Sensibiltät ist aber nicht nur ein amerikanisches Phänomen. Die Hersteller Hybrid getriebener Fahrzeuge erleben inzwischen weltweit einen Boom und den mit steigender Tendenz.

Zur Reduzierung des klimaschädlichen CO_2 Ausstoßes setzen die Europäischen Hersteller stark auf den Dieselmotor als Antrieb. Derzeit produzieren Dieselmotoren aber noch erheblich giftigere Abgase als zum Beispiel ein Benzinmotor dessen Emissionen mit einem Kat gereinigt werden. Dazu kommt ein vielfaches an Krebs erregenden Rußpartikeln und Stickoxiden (NOX), die vor allem den Wald in hohem Maße schädigen.

Die Abgasgesetzgebung trägt dem Rechnung: Wer in Zukunft Dieselmotoren verkaufen will, muss sie aufwendig ausrüsten. Dazu gehören Partikelfilter und spezielle Katalysatoren zur Stickoxid Bekämpfung.

Das allerdings kostet Motor-Leistung und erhöht den Fahrzeugpreis, was die Vorteile des Dieselmotors schnell zunichte machen könnte.

Die Akzeptanz des neuen umweltfreundlichen Hybrid Antriebes in Deutschland ist zweigeteilt. Umweltbewußte Menschen sehen einen echten Weg zu besseren Umweltzeiten, die anderen zweifeln an der Alltagstauglichkeit.

Wir wollten es wissen: 5.000 Kilometer quer durch Europa, von der klirrenden Kälte des Polarkreises in den sonnigen Frühling Italiens – nicht unter Laborbedingungen sondern im harten Alltagsstress.

Rund 800 Kilometer pro Tag Strapazen mehr für Fahrer als Fahrzeug.

Zur Einstimmung
Die Prius Challenge 2004 –
Die Zukunft beginnt heute

Der Morgen ist bitter kalt. Vor dem Fenster tanzen kleine Schneeflocken. Der Schnee hat ein weißes Tuch über die Landschaft gebreitet, verleiht der Nacht ein mildes Licht. Wir schleppen unsere Koffer, Kameras und technische Ausrüstung zu der kleinen Fahrzeugkolonne, die vor dem Eingang des Sky Hotels auf unsere Abfahrt wartet. Das Hotel liegt auf einer Anhöhe über dem finnischen Rovaniemi, der Stadt Alvar Aaltos. Das Hotel auf dem Gipfel des Fjäll Ounasvaara bietet ein atemberaubenden Panoramablick über Flusstäler, Hügel und die Stadt. Im Zweiten Weltkrieg fast vollständig zerstört, wurde die Stadt am Polarkreis von dem berühmten finnischen Architekten nach dem Muster eines Rentiergeweihs wieder aufgebaut. Alvar Aalto gilt als Vertreter des organischen Bauens. Sein Konzept bestand darin, Bauten ihrer landschaftlichen Umgebung anzugleichen. Dabei wurden vorrangig einheimische Baustoffe, allem voran Holz verwendet. Wenn man bei Dunkelheit mit dem Flugzeug anreist, zeigen die Lichter deutlich das Bild eines Rentiergeweihs.

Wir werden uns auf den langen Weg vom Polarkreis nach Rom machen. Mit zwei Toyota Prius wollen wir den Versuch angehen, die Alltagstauglichkeit des Hybrid-Konzeptes, einer Nutzung von Strom- und Motorkraft zu ergründen.

Wir, das sind der Journalist Ralf Bielefeld vom Automagazin *Auto Bild*, sein Kollege Christian Köster als nimmermüder Fotograf und die Fernsehkolleginnen Michaela Steuer und Diana Seller.

Und dann ist da noch Peter, der Mann mit dem unendlichen Datenspeicher und dem nimmer endenden technischen Wissen im Kopf. Er wird auf den nächsten 5.000 Kilometern eine ganz besondere Schlüsselrolle übernehmen: Technischer Ratgeber, Beruhiger, Dauerersatzfahrer für alle Erschlafften, Nahrungsmittelbe-schaffer, Ordner eines nicht erfüllbaren Zeitplans, Schlichter bei aufkommendem Gruppenstress. Ralf ist der Mann mit den trockenen Sprüchen (Frühstück kann der Finne nicht, aber trinken kann er!). Christian ist der Fotograf mit dem scharfen Blick (zumindest solange bis seine Brille in Südschweden bei einer kunstvollen Aufnahme aus dem Schiebedach davon flog).

Michaela hat sehr unter unserer ewigen Zeitnot gelitten und Diana wurde immer blasser, weil es unterwegs selten etwas zu essen gab. Sie entwickelte sich im Laufe der Reise mehr und mehr zur Spezialistin, für die Frage wo man an Tankstellen das schrecklichste Futter findet.

Zentralstelle für die Bewältigung aller unvorhergesehenen Probleme war Marc. Ein Mann, der alles, was sich uns unterwegs in den Weg stellte, immer schon vorher erahnte und bewältigte. Dabei hat er meist gute Laune und kann herzlich, auch über sich selbst lachen.

Vor uns liegen rund 5.000 Kilometer, quer durch Europa, vom winterlichen Polarkreis ins frühlingshafte Rom. Jetzt stehen wir noch immer in der Kälte vor dem Hotel und versuchen unsere zahlreichen Gepäckstücke in die Fahrzeuge zu verladen. Das Hotel auf dem Berg ist ein beliebtes Ziel für Touristen. Während der

Mitsommernacht kann man von hier die Mitternachtssonne sehen und dabei finnische Spezialitäten versuchen. Im Winter kommen vor allem Japaner, um von hier das Flirren des Nordlichts zu sehen.

Unsere Reiseführerin Eva-Maria Hiltunen erzählte uns, dass sie bei dem Versuch, das geisterhafte Licht zu sehen, oft enttäuscht werden. Ursache ist dann meist dichte Bewölkung. Eines Tages habe sie mit einer großen Gruppe Japaner auf dem Dach des Hotels gesessen und dabei schrecklich gefroren.

Draußen hatte es über 30 Grad unter Null, der Himmel war bedeckt und nicht der kleinste Lichtschein am Horizont zu entdecken. Trotz der großen Kälte machten die Japaner keine Anstalten zu weichen. Lieber erfrieren als in Tokyo erzählen zu müssen, dass die Reise umsonst war.

Völlig unerwartet tauchte am Horizont ein heller Lichtschein auf. Unter den Menschen aus dem Land der aufgehenden Sonne brach helle Begeisterung auf. „Hi doso, endlich Nordlicht", erklangen begeisterte Ausrufe.

Eva-Maria wusste sofort, das war kein Nordlicht. Das gelbe Licht am Himmel hatte eine viel einfachere profane Erklärung. Es waren die Positions-Lampen des Flughafens von Rovaniemi.

Hier, so weit im hohen Norden ist der Flugverkehr vor allem in den Abendstunden eher ein seltenes Ereignis. So werden Lampen eben bei Bedarf, immer dann wenn ein Flugzeug anfliegt, eingeschaltet.

Noch immer war die Begeisterung der japanischen Gäste groß. Endlich der großartige Anblick von Aurora Borealis! Eva-Maria bekam Gewissensbisse. Sollte sie den Irrtum aufklären?

Dann wäre die Enttäuschung wohl noch größer gewesen. So ließ sie den Weitgereisten ihre schöne Vorstellung, und die Chance im fernen Japan vom wabernden, geisterhaften Licht des hohen Nordens erzählen zu können.

Prolog:
Besuch beim Weihnachtsmann
oder: Der Zauber des Nordens

Der Startort der Prius Challenge 2004 im finnischen Rovaniemi, gleich hinter dem Polarkreis, ist sorgfältig ausgewählt. Hier ist der Ort, wo Autos ihre winterlichen Stärken beweisen müssen, wo die großen Autohersteller ihre Fahrzeuge testen.

Hier kann man ihn erleben und erfahren: Den Zauber des hohen, weiten Nordens. Dort kann man ihm begegnen: Den auf immer anhaltenden Lappland-Koller. Die Symptome sind ein unwiderstehlicher Drang gen Norden – jenseits des Polarkreises – trotz der lang anhaltenden Dunkelheit im Winter.

Die Schönheit des hohen Nordens wird nicht frei wie die Leichtigkeit eines italienischen Tages geliefert, sie will erobert sein. Wer sie erfahren will, muss lernen, mit der Einsamkeit umzugehen, die klirrende Kälte als Herausforderung verstehen, den Raureif auf Häusern, Bäumen und Autos als Schutz. Die Schönheit ist herb und rau und sie ist anders als die Vorstellung den Menschen Empfindungen erlaubt. Marie Boine, die wohl bekannteste Sängerin in der Sprache der Sami, hat sie in ihren Liedern über die Landschaft und das Leben der Sami immer wieder besungen.

Mit außergewöhnlichen Worten und Versen. Ein Liedtext beschreibt die Gegend hier besonders einfühlsam:

Nur der, der Lappland im Winter noch nicht erlebt hat, kann von der Vorstellung bedrückt sein, dass während vieler Wochen die Sonne nicht mehr über dem Horizont erscheint.

Ewige Dunkelheit im Winter? Die Menschen Lapplands wissen es besser. Sie sprechen nicht von dunkler Nacht, sie bezeichnen den stahlblauen Himmel, das weiße Dämmerlicht, das der Schnee reflektiert, die Stunden des rosa Morgenlichtes, das in seltsamer Weise in ein rosa Abendlicht übergeht, als die Polarnacht. Dabei flirrt und geistert immer wieder das

Nordlicht mit seinen feinen bunten Vorhängen über den Himmel. Das alles ist von Stille und Ruhe geprägt. Nur manchmal ist das Jaulen einer Hundemeute zu hören – Schlittenhunde, die sehnsüchtig darauf warten, durch diese unwirkliche Winterwelt zu laufen. Das Außenthermometer steht bei minus 20 Grad. Aber diese Kälte ist anders: Nicht nass und schneidend, sondern trocken und freundlich. Der Himmel ist blauschwarz und wird südlich von einem schwachen roten Schein erhellt.

Wir sind mit dem Flugzeug angereist. In Rovaniemi warteten die beiden Prius sowie zwei weitere Begleitfahrzeuge auf uns. Von hier aus wollten wir unsere Reise durch Europa von Nord nach Süd beginnen.

Es ist kurz vor Mittag. Der Himmel jenseits des Kabinenfensters wird in eine bläulich schimmernde Morgendämmerung getaucht. Die Farbe wechselt von einem weißlich scheinenden hellblau in ein kräftiges stahlblau. Dann beginnt ein stundenlanger Sonnenaufgang, der – noch ehe die Sonne überhaupt am Himmel erscheint – schon wieder zum Sonnenuntergang wird. Über der unwirklich zerklüfteten Winterlandschaft breitet sich jetzt ein rötlicher Schimmer aus. Der Tag mit seinen beeindruckenden Lichtspielen ist kurz. Bald wird die 20-stündige Nacht wieder das Land einhüllen.

Das ist Kamos – wie die Sami die dunkle Jahreszeit nennen. Sie – die das ganze Jahr über hier leben – haben ihre eigene Art, mit der Dunkelheit umzugehen, wie Päivi, die im Flugzeug neben mir sitzt und erzählt: „Die schlafen im Winter mehr als im Sommer und alles verläuft vielleicht etwas langsamer, aber man ist daran gewöhnt. Es ist nicht dunkel hier, nicht schwarz dunkel, sondern der Himmel mit

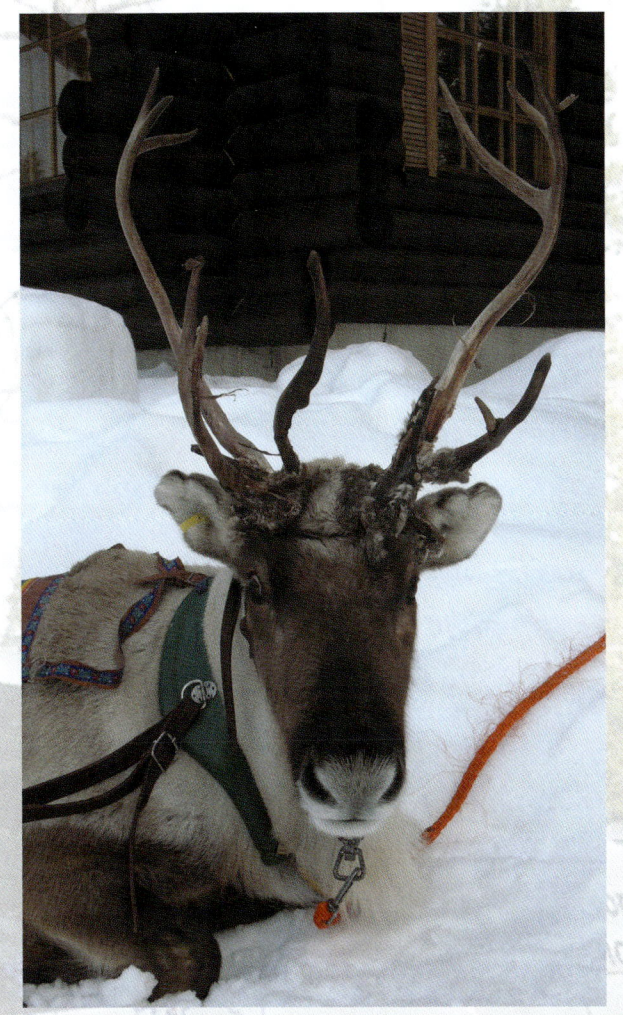

Jenseits des Polarsterns
Im Westen von Mond und Sonne
Liegen Berge aus Silber und Gold

Steine für das Feuer
Steine die schmücken

Das Gold scheint

Das Silber schimmert

Die Gipfel der Berge
Spiegeln sich im Wasser

Sonne Mond und Sterne
Lachen auf dem Kamm des Berges

*Ein Hallo vom Joulupukki
– dem Weihnachtsmann
am Polarkreis*

Ein ungleicher Wettlauf

Schlittenhunde träumen immer vom schnellen Laufen durch den Schnee

Ein Schlittenhunde-gespann führen braucht ganze Männer

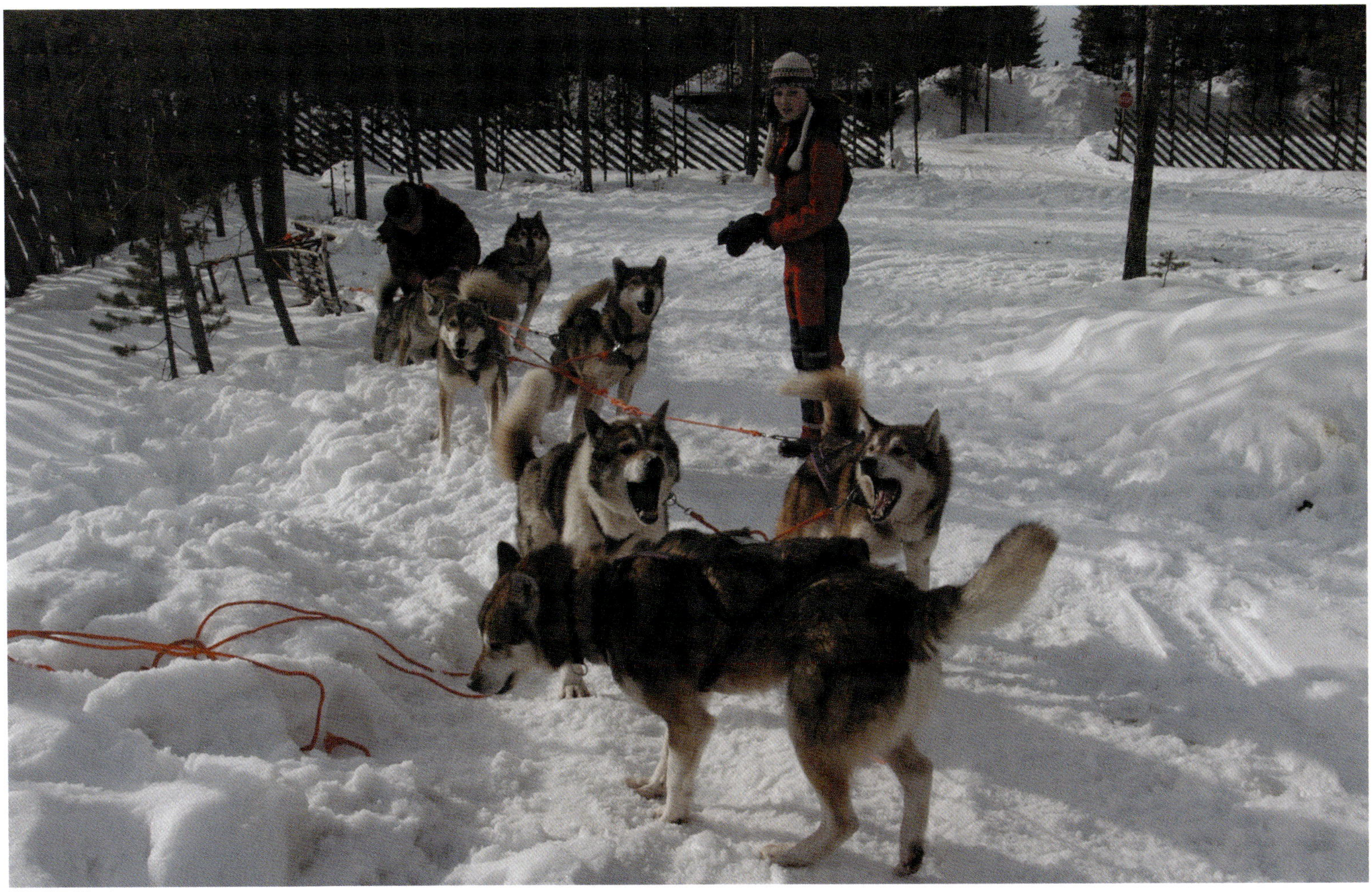

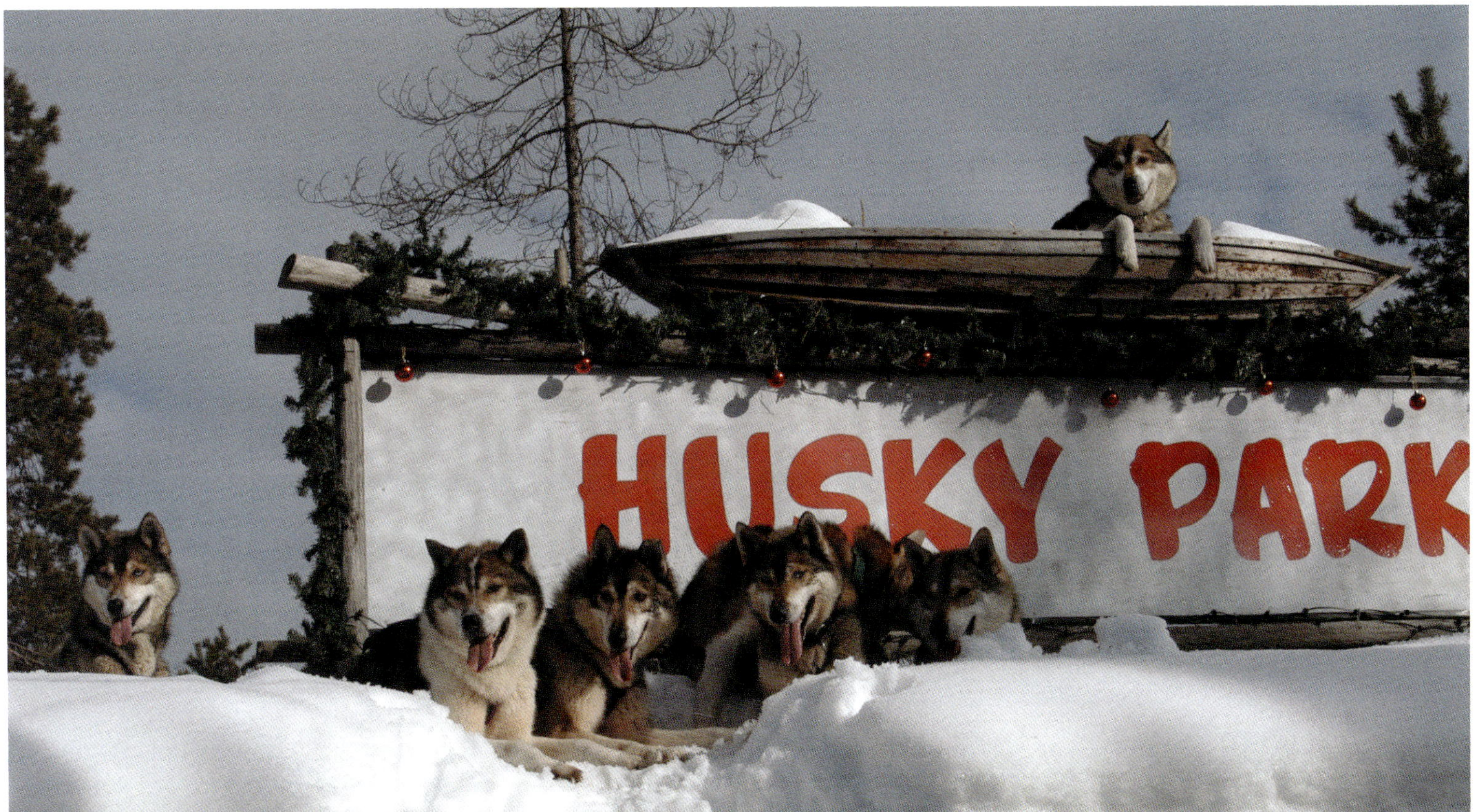
HUSKY PARK

allen Sternen, dem Polarlicht, dem Mond und dem weißen Schnee machen den Tag hell genug." Der silberne Metallleib des Flugzeugs durchbricht die dichten Wolken. Dann taucht schemenhaft die weiße Landschaft unter uns auf. In der Ferne sind die Lichter von Rovaniemi, der Stadt am Polarkreis zu sehen.

Nachdem unser Flugzeug auf dem Flughafen gelandet ist, rollt es zu dem kleinen flachen Flughafengebäude. Eine Treppe wird herangeschoben. Dann öffnet sich die Tür. Kalte trockene Luft dringt in den überheizten Raum. Nun ist es plötzlich wirklich Winter. Die Sonne hinter dem Horizont hüllt die weiße Landschaft in ihr warmes Licht.

Am Flughafen wartet Ulf Blomquist, nicht etwa mit einem Auto, sondern auf höchst traditionelle Weise. Eine ganze Meute Schlittenhunde umspringt uns fröhlich bellend. Jeder will der erste sein, der gestreichelt wird. Es gelingt mir gerade noch, meine warmen Schuhe – die bis 40 Grad minus reichen sollen – anzuziehen. Ich beschließe, mit dem Schlittenhundegespann zum Hotel zu fahren. Ulf zurrt mein Gepäck auf dem schlanken hölzernen Schlitten fest. Wenig später sitze auch ich auf dem wackligen Gefährt und bekomme erste Anweisungen:

„Es ist wichtig, dass sie ihre Füße hier vorne auf den Kufen behalten. Sie sollten nicht zur Seite rausragen. Sie könnten sich sonst verletzen."

Die Füße stehen auf den Schlittenkufen, vorne sind die Hunde in hellster Aufregung, können kaum erwarten, dass wir uns in Bewegung setzen. Dann geht die wilde Jagd los. Ulf hält die Leinen der Hunde fest in der Hand, schaut nach vorne und versucht das Bellen der Hunde zu übertönen:

„Jetzt sind wir auf einer richtigen Trainingstour mit meinem älteren Hundeteam. Sie sind ziemlich erfahren und laufen mit einer gleichmäßigen Geschwindigkeit. Das tun sie so auf den nächsten 17 Kilometern. Das ist eine gute Zeit für uns zum Erholen."

17 Kilometer, das wirkt wie ein mittlerer Schock, denn inzwischen pfeift mir der eisige Wind um die Ohren. Jetzt spüre ich die hohen Minusgrade in all ihrer Härte. Wir jagen durch eine phantastische Winterlandschaft. Dann kommt eine scharfe Biegung und der Schlitten schlägt einen Haken. Zu meiner großen Verwunderung sitze ich immer noch auf dem fragilen Gefährt. Im Eiltempo zieht die Landschaft an mir vorbei.

Ulf ist noch immer sehr konzentriert. Ich versuche mich weiter festzuhalten.

„In einem Rennen schaffen die Hunde ein Durchschnittstempo von 30 bis 35 Kilometern pro Stunde. Sie konnten hören, wie ungeduldig sie auf den Start warteten. Kaum habe ich sie losgelassen, waren sie wieder ganz ruhig".

Da drängt sich natürlich die Frage auf, wie man diese wild dahinjagende Meute auf dieser extra für sie geschaffenen Piste im Notfall wieder zum Stehen bekommt?

„Dieser Schlitten hat drei Bremsen. Die Hauptbremse ist aus Gummi gemacht. Das ist diese hier, auf der ich gerade stehe, um die Geschwindigkeit gleichmäßig zu halten. Dann gibt es noch eine Stahlbremse, um eine Notbremsung einleiten zu können. Die dritte Möglichkeit zum Stehen zu kommen ist eine Art Anker – vergleichbar mit einer Handbremse. Den kann man während der Fahrt abwerfen oder aber auch im Stand um einen Baum legen."

Mit einem Ruf weist er das Rudel an, nach rechts abzubiegen. Dabei zelebriert Ulf eine ganz besondere Form der Kommunikation mit seinen Hunden:

„Meistens gebe ich Ihnen nur die Kommandos, nach rechts oder links abzubiegen. Das sind die Hauptbefehle. Wenn ich das nicht tue, laufen sie einfach geradeaus weiter. Bei einem Rennen feuere ich sie an, schneller zu laufen, ganz selten auch langsamer. Dafür verwendet man aber meistens die Bremse. Wir benutzen die Psychologie des Rudels für unser Training. Die Hunde lernen, immer das zu tun, was der Anführer des Rudels befiehlt. Schon wenn sie klein sind, vermittle ich ihnen, dass ich ihr Anführer bin. Ich muss also niemals irgendeine Form von Gewalt anwenden."

Die Jagd geht immer weiter. Wir fahren um Kurven, dann wieder ganz dicht an den Tannenbäumen vorbei. Das ganze ist eine wilde, ungestüme Einheit von Tempo und aufgewirbeltem Schnee. Unsere Zugtiere scheinen über einen unendlichen Atem zu verfügen.

„Die Hunde sind normalerweise alle wirklich freundlich. Wenn aber eine läufige Hündin in ihrer Nähe ist, kann es manchmal zu Problemen kommen. Solange ich dabei bin, herrscht eine Hierarchie wie in einem Wolfsrudel. Niemand macht etwas, ohne dass ich es will. Ich bin hier der Boss und muss das auch immer wieder beweisen!"

Noch immer geht die schnelle Fahrt durch die tief verschneite Landschaft. Dann kommt

plötzlich eine Bodenunebenheit. Der Schlitten macht einen gewaltigen Satz, vermindert dabei aber sein Tempo nicht.

„Trotz allem, Unfälle mit dem Hundeschlitten sind ziemlich selten", ruft Ulf durch den Wind." Was Ulf da mehr zu meiner Beruhigung sagt, ist nicht wirklich geeignet mir die aufkommende Unruhe zu nehmen. „Das Schlimmste, was passieren kann, ist, dass man das Gespann verliert, weil man vom Schlitten fällt. Das passiert vor allem in plötzlichen Kurven. Die scharfe Biegung, die wir vorhin genommen haben, war ein Beispiel dafür. Da wäre es fast soweit gewesen. Aber für solche Situationen haben wir unsere dritte Bremse, unseren Schneeanker dabei. Wenn wir hinunterfallen, lösen wir ihn automatisch aus und der Schlitten kommt nach kurzer Strecke zum Stehen. Die Hunde würden sonst immer weiterrennen. Es gibt kein wirklich gutes Kommando, um sie zum Stehen zu bringen. Sie lieben es zu rennen. Sie sind so scharf aufs Laufen, dass sie auf nichts und niemanden hören. Der Anführer kann ihnen eigentlich nur die Richtung vorgeben – das ist alles".

Wir sind mit dem Rudel Hunde eins geworden.

Der Mann, der hinten auf dem Schlitten steht und ich, der mit gesenktem Haupt versucht, dem Fahrtwind auszuweichen. Eine dahinjagende Einheit aus Mensch und Tier. Das ist keine neue Freundschaft – das ist eine seit Jahrhunderten gewachsene Verbindung zwischen zwei Spezies: Jede auf seine Art stark und nur gemeinsam erfolgreich.

Um uns herrscht jetzt die absolute Stille bestimmt von Bäumen, die mit ihrer weißen Schneelast wie gemalte Figuren in der weiten Landschaft stehen. Inzwischen begleiten uns die beiden Prius, rollen jetzt neben dem Schlitten. Immer dann, wenn der Elektromotor den Antrieb übernimmt, bewegen sie sich ganz leise. Nur das sanfte Zischen der Kufen des Schlittens, das fröhliche Gebell der Hunde und das Knirschen der Räder ist dann zu vernehmen.

Nachdem wir vom Schlitten gestiegen sind, stapfen wir durch den tiefen Schnee. Marie Boine hat diese Gangart auch in einem ihrer Lieder beschrieben.

Das Mondlicht offenbart einen Weg für Freunde

Der Schnee hier im hohen Norden Finnlands hat eine für uns neue, ganze andere Kon-

Sich barfuss weiterzubewegen ist
mühsam,
Nichts wird nur mit Worten errichtet.
Höher als alle Berge, niedriger als
das Heidekraut
Ist der Pfad auf dem wir gewandert
sind.
Durch die Dunkelheit starrt ein
Auge,
zeigt anderen den Weg.

regel beachten, dass er niemanden stört und nichts zerstört. Rücksicht muss er dabei nicht nur gegenüber Menschen sondern auch den Tieren und der Fauna nehmen. Dies gilt vor allem im Frühjahr, wenn die Tiere ihren Nachwuchs aufziehen. Erlaubt ist das Pflücken von Pflanzen, die nicht unter Naturschutz stehen sowie das Baden in Flüssen und Seen. Eine Ausnahme dafür gilt allerdings, wenn sich das Gewässer in Privatbesitz befindet.

Wir sind hinausgefahren, in das Land jenseits des Polarkreises. Das liegt 17 Kilometer von Rovaniemi entfernt. Wir sind draußen. „Draußen" das ist da, wo man nicht mehr weiß, wo man sich eigentlich befindet. Das Weiß und die Einsamkeit haben uns verschluckt. Hier mitten zwischen den tief verschneiten Tannen, treffen wir Magnus. Den Mann mit den schönen Geschichten um die Ureinwohner, die Sami.

Wir sind nicht alleine. Die Freunde von Magnus stehen um uns herum. Freundlich, schüchtern, mit großen Augen und – großen Geweihen. Rentiere bestimmen das Leben der Sami. Ihr Lebensablauf gleicht dem der Menschen hier. Der Chef der still um uns herumstehenden Herde hat das größte Geweih. Magnus, dem eine große Herde Rentiere gehört erzählt:

sistenz. Das kommt daher, dass er sehr kalt und trocken ist. Im Süden ist das ganz anders, so als wenn man durch Wasser waten würde, meinen die Menschen aus dem hohen Norden. Hier aber wirkt der Schnee wie weißer trockener Sand. Wenn man über ihn geht, klingt es, als würde er flüstern.

Die Natur hier in Finnland wie auch im Rest Skandinaviens gehört allen. Es gibt sogar so etwas wie ein Jedermannsrecht. Das heißt, dass sich jeder in der Natur so bewegen kann, wie er es will. Allerdings muss er dabei als Grund-

Beim Start zu den
Kindern der Welt

*Auch nördlich des Polar-
kreises stößt der Prius
auf großes Interesse*

„Sein Name ist Top-Ba. Das Wort kommt aus der Sami-Sprache. Jedes Rentier wird nach seinem Aussehen benannt. Hat ein Ren beispielsweise weiße Fesseln oder ein besonders großes Geweih, so trägt es einen entsprechenden Namen. Manchmal geben die Sami den Tieren auch unterschiedliche Namen."

Wir sind in Finnisch-Lappland – aber das Wort Lappen hören die Sami nicht gerne: Jetzt wird Magnus sehr temperamentvoll:

„Das klingt für sie wie schlechte Kultur. Auch die Menschen in Finnland sagen immer wieder Lappen zu Ihnen. Lappen das ist ein schlechtes Wort. Wenn ich Sie einen deutschen Kraut nennen würde hätten sie das wohl auch nicht gerne. Sie ziehen es sicher vor als Deutscher bezeichnet werden oder ein Franzose eben als Franzose. Dies hier ist Sami-Land und die Leute die hier schon seit langer Zeit wohnen, sind Sami und so wollen sie auch genannt werden!"

Die Sami sind glückliche Menschen, denn sie haben acht verschiedene Jahreszeiten. So gibt es für sie neben den vier bekannten Jahreszeiten noch den Winter-Frühling, den Frühling-Sommer, dann folgt der Sommer-Herbst und der Herbst-Winter. Jede dieser Jahreszeiten hat für die Sami ihre spezielle Bedeutung. In der einen Jahreszeit bekommen die Rentiere ihre Geweihe, in der anderen werden sie geschlachtet, in einer weiteren zieht man gen Norwegen und im Frühling folgen die Sami ihren Rentieren in Richtung Norden.

Sie sagen, sie folgen dem Wind. Eines der Rentiere steht ganz abseits, wird von den anderen gemieden oder manchmal sogar herumgeschubst. Magnus schaut schmunzelnd zu.

„Dieses Rentier heißt Nuurpo. Bei einem Kampf hat es sein Geweih verloren. Dabei muss man wissen: Die Kraft eines Ren liegt in seinem Geweih. Dieses Ren hat kein Geweih mehr – also muss es jetzt als letztes fressen. Der Boss, Top-Ba darf als erstes an die Nahrung."

Nicht nur die Rentiere werden von den Sami nach ihrem Aussehen benannt – auch die Natur. Wir blicken auf einen See und einen Berg, der vom Rot des Himmels beleuchtet wird. Diese Stelle nennen die Sami „Valley Lake" – Talsee. Das Rentier ist der Freund des Menschen, sagen die Sami. Nur die Freundschaft hat auch ihre Schattenseiten, denn Rentier schmeckt eben auch gut und ist eine wichtige Nahrung für die Sami.

Im Samizelt lernen wir eine Delikatesse aus Rentierfleisch kennen. In der Mitte knistert

Rentiersteak – Poronlihapihvi

4 Rentiersteaks
1 EL Mehl
2 EL Öl
1 EL Butter
1 Glas Rotwein
100 ml Wildbrühe
1 TL Zitronensaft
100 ml süße Sahne
Salz
Frisch gemahlener weißer Pfeffer

Die Rentiersteaks salzen, pfeffern und leicht bemehlen. Die Butter in das erhitzte Öl geben und die Steaks beidseitig anbraten. Danach herausnehmen und warm stellen. Den Bratensatz mit Rotwein ablöschen, die Brühe zufügen und einkochen lassen. Zitronensaft und Sahne zugeben und abschmecken. Serviert wird die Köstlichkeit mit Morcheln, Multbeeren und Schlosskartoffeln. Die werden zuvor halbmondförmig geschnitten, in der Pfanne angebraten und im Ofen fertig gegart sowie mit Petersilie bestreut.

das Feuer. Am Rücken spüren wir die 20 Grad minus, aber von vorne wärmte uns das Feuer. Feine Scheiben werden von einer tiefgefrorenen Rentierkeule geschnitten und in heißes Fett geworfen. Magnus beschreibt die Zubereitung:

„Zuerst muss die Pfanne sehr heiß auf einem offenen Feuer werden. Dann gibt man ein gutes Stück von dem Rentierfett in die Pfanne. Wenn das geschmolzen ist, schneidet man dünne Scheiben von dem gefrorenen, frischen Rentiersteak. Im Rentierfett wird das Ganze knusprig. Es schmeckt ganz hervorragend." Wir blicken uns im Zelt um. Magnus erzählt: „Im Zelt der Sami herrschen die Frauen. Die Mutter hat ihren Platz genau gegenüber des Eingangs. Nur sie darf hier sitzen. Der Weg zwischen ihr und dem Eingang darf nicht überschritten werden.

Draußen ist es inzwischen dunkel geworden. Der Himmel ist sternenklar und dann beginnt plötzlich das besondere Schauspiel des Nordlichts. In langen bunten Lichtvorhängen weht das Nordlicht über den Himmel. Geisterhaft, seltsam und mystisch. Ulf Blomquist, der Mann mit den Schlittenhunden hatte mir von seiner speziellen Erfahrung berichtet. Dann, wenn man ganz alleine draußen sei und die absolute Stille herrsche, könne man das Licht sogar hören – nicht nur sehen. Es knistere dabei sehr geheimnisvoll.

Besonders in den langen Winternächten, wenn sich der Himmel streifenweise mildgrün

verfärbt, oder wenn stundenlang ein bläulich schimmernder Vorhang über den Himmel geistert, werden die Märchen und Sagen der Sami oder der Inuit lebendig. Sie glauben, dass böse Geister auf der Suche nach armen Seelen seien, auch dass Verstorbenen ins ewige Licht geleuchtet wird.

Wir sind fasziniert und wollen mehr über die geheimen Himmelserscheinungen wissen. Wir beschließen einen Ausflug zum Institut für RÜMD-Physik, kurz IRF im schwedischen Kiruna zu machen. Dort wurde unter anderem das Ozonloch aber auch das Nordlicht intensiv erforscht. Am nächsten Morgen sind wir schon ganz früh unterwegs. Wir treffen Uwe Raffalski. Er ist Projektleiter am Institut. Er hat für das phantastische Phänomen eine sehr nüchterne, wissenschaftliche Erklärung:

„Das Nordlicht, das man vor allen Dingen über dem Nordpol und Südpol sehr gut beobachten kann, entsteht dadurch, dass Partikel, die von der Sonne kommen und auf die Erde zustürzen, dort das Erdmagnetfeld treffen. Dadurch werden bestimmte Partikel, nämlich Elektronen, die negativ geladen sind, beschleunigt und auf die Erde zu bewegt. Sie wickeln sich dabei um die Magnetfeldlinien der Erde. Deswegen kann man dieses Nordlicht in der Nähe der geomagnetischen Pole besonders gut sehen.

Dort nämlich, wo die Elektronen auf die Atmosphäre treffen und dort Licht auslösen."

So weit, so wissenschaftlich. Und doch steht mehr hinter dem Nord- oder Polarlicht, hinter seinem wabernden und flirrenden Dasein, seinen ungewöhnlichen Bewegungen

„Die Magnetfeldlinien der Erde sind nicht fest, sie bewegen sich auch. Das drückt sich in den flimmernden Polarlichtbildern aus."

Das alles klingt immer noch sehr wissenschaftlich und noch wissen wir nicht, ob man das Nordlicht auch tatsächlich hören kann. Uwe lächelt: „Als Wissenschaftler kann ich das nicht ausschließen. Es ist allerdings schwer nachzuvollziehen. Soweit ich informiert bin wurde bisher weder untersucht noch gemessen ob tatsächlich etwas zu hören ist. Die Energie der Teilchen erreicht den Erdboden. Dass das irgendwelche Geräusche erzeugt ist zumindest nicht auszuschließen.

Wir verlassen die modernen Gebäude des IRF und nutzen die Gelegenheit hier eines der ungewöhnlichsten Hotels der Welt, das Eishotel in Jukkasjärvi zu besuchen. Gegenwart und Vergangenheit liegen hier dicht nebenein-

Samen – die Urbevölkerung des hohen Nordens

Die oft benutzte Bezeichnung „Lappen" wird von den Ureinwohnern Nordskandinaviens als Schimpfwort angesehen. Sie nennen sich selbst Samen und ihre Heimat „Sameland" bzw. in ihrer Sprache „Sapmi".

Die noch aktiven Rentierzüchter halten sich im Sommer nahe der Küste bei den Sommerweiden auf. Im Herbst werden die Tiere dann wieder ins Landesinnere getrieben, wo die Temperaturen nicht selten auf eisige 40 und 50 Grad minus sinken können. Ihre bunte Tracht mit hohen Mützen tragen die Samen im Sommer vorwiegend für Touristen, zum Osterfest aber holt jeder seine „Kofter", die bunte Tracht, hervor. Sie wird von der Jugend selbst in der Disco ganz stolz getragen. Besonders farbenfroh sind die Gewänder der Samen aus Kautokeino, wo breite Borten den blauen Stoff zieren. Die Joiks, die „Volkslieder" der Samen, sind sehr speziell und klingen in unseren Ohren eher ungewöhnlich.

Nach vorsichtigen Schätzungen leben heute rund 70.000 Samen in Nordeuropa. 40–45.000 in Norwegen, mit der größten Konzentration in Finnmark, wo ca. 25.000 Samen wohnen. in Schweden leben rund 17.000 Samen, Finnland etwa 5700 und in Rußland (Halbinsel Kola) hält sich eine kleine Minderheit von 2.000 Samen. Die wichtigsten Zentren in Norwegen sind die Orte Karasjok und Kautokeino, in denen über 85% der Bevölkerung Samen sind.

Die bizarren Eisskulpturen der Ausstellung in Rovaniemi

ander. Von der Forschung mit modernsten Satelliten zurück zur ureigensten Fortbewegung, die hier auch schon vor Hunderten von Jahren vom fröhlichen Gebell der Hunde bestimmt wurde. Auf dem Weg zum Hotel treffen wir uns mit Klaus Stafflinger aus Neuötting. Er ist vom hohen Norden fasziniert und gefangen. Für ihn ist Lappland Balsam für die Seele. Er schaut in die tief verschneite Landschaft hinaus und meint: „Hier zu sein ist als würde man zu den eigenen Ursprüngen zurück kehren. Hier oben sein zu dürfen ist wie neu geboren zu werden. Alles bleibt hinter einem zurück. Die Sorgen und Nöte des Lebens bekommen eine andere, positivere Bedeutung."

Seit vielen Jahren schon zieht es Klaus Stafflinger mit seiner Familie in den hohen Norden. immer mit dabei: Seine vierbeinigen Freunde. „Meine Hunde sind Ursache und Antrieb hierher zu fahren. Auch für sie ist der hohe Norden Quell von Gesundheit und Lebensfreude." Klaus Stafflinger zeigt uns seine fröhliche Hundemeute, dann eilen wir weiter.

Das Licht des kurzen Tages beginnt bereits zu verblassen als wir auf die blau schimmernden Wände des Eishotels treffen. Das zauberhafte in jedem Jahr neue entstehende Hotel wirkt, als wäre eines der berühmten Märchen von Hans Christian Andersen, die Schneekönigin in die Wirklichkeit versetzt worden.

„Die Wände des Schlosses waren aus treibendem Schnee und Fenster und Türen aus schneidenden Winden; es waren über 100 Säle darin, ganz wie sie der Schnee zusammengeweht hatte; der größte erstreckte sich viele Meilen lang, alle wurden von dem starken Nordlicht beleuchtet, und sie waren so groß, so leer, so eisig kalt und so glänzend!

Die Nordlichter flammten so deutlich, dass man zählen konnte, wann sie am höchsten und wann sie am niedrigsten standen".

Mitten in dem leeren, unendlichen Schneesaal war ein zugefrorener See, der war in tausend Stücke zersprungen, aber jedes Stück glich dem anderen so genau, dass es ein ganzes Kunstwerk war.

Und mitten auf dem See saß die Schneekönigin, wenn sie zuhause war, und dann sagte sie, dass sie im Spiegel des Verstandes sitze und dass er der einzige und der beste in dieser Welt sei".

Jukkasjärvi – das heißt in der Sprache der samischen Ureinwohner „Treffpunkt" oder „Sammelplatz". Was suchen die, die hierher

kommen? Wie nähert man sich diesem Wunder aus gefrorenem Wasser, diesem feenhaften, angestrahlten Eisblock, diesem kaum erklärlichen Mysterium? Vielleicht finden wir die Deutung in „Wilhelm Meisters Lehrjahre" – also bei Goethe:

„Ja, sagte Pheline, es müsste eine recht angenehme Empfindung sein, sich am Eise zu wärmen".

Der blau schimmernde Eissaal, in dem wir stehen, ist die Bar. Wir befinden uns mitten im kalten Traum des Eishotels. Von außen waren nur riesige Schneehaufen zu erkennen und dann ein bläulich angestrahlter Eisblock als Eintritt ins Mysterium. An der Bar steht Arne Bayen. Er gestaltet das, was die Menschen aus aller Welt in jedem Jahr wieder aufs neue hierher zieht. Er meint bescheiden: „Das ist nur ein Platz am Fluss. Hier beginnen wir im November zu bauen. Das Eishotel ist ein vergänglicher Traum. Es wird aus dem Eis des nahen Flusses errichtet. Im Frühjahr, wenn es wieder taut, fließt es in den Fluss zurück. Die letzten Gäste werden Anfang April hier sein. Im Mai schmilzt alles wieder weg. Dann sind nur noch Ruinen da. Wie ein Bild unseres Lebens. Der Spiegel der ewigen Vergänglichkeit. Dann, wenn alles wieder zerronnen ist, beginnt die Planung für das nächste Jahr."

Wieder begleitet uns ein Text von Marie Boine:

„Die Tochter der Sonne spricht kaum hörbar – mit schwacher Stimme. Hört Ihre Worte und vergesst sie nicht.

Die schöne Tochter der Sonne spricht: Die Sonne geht, die Nacht kommt. Aber der Morgen wird wiederkommen oder nicht?"

Der Bau dieses glasklaren, eisigen Wunderwerkes ist für Arne Bergh Philosophie:

„Es ist der Grund, warum ich hierher gekommen bin. Es war die Natur, die Klarheit der Luft, die Ruhe. Das Geräusch des berstenden Eises. Alles das zusammen hat mich gefangen genommen. Ich lebe mit dem Eishotel. Gerade

Kuscheln im Eis

Ein Traum aus Eis mit glitzernden Säulen, spiegelnden Kronleuchtern und kunstvollen Skulpturen gefällig? – das Eishotel im schwedischen Jukkasjärvy ist ein Eintritt ins Märchenland. Eine Reminiszenz an den Palast von Andersens Schneekönigin. Das Eishotel liegt am Torne-Fluss rund 200 Km nördlich des Polarkreises. Gebaut aus 3.000 Tonnen Eis und 30.000 Kubikmetern Schnee können dort selbst Hochzeitspaare im Eis kuscheln. Dafür gibt es eine eigene Honeymoon-Suite.

Angst vor der Kälte? – kein Problem! Die Nächte verbringen die Gäste wärmer als ihnen lieb ist: eingewickelt in Rentierfelle, Decken und Schlafsäcke fängt so mancher Gast nach kurzer Zeit an, sich auszuziehen.

Mehr Informationen auch in Deutsch: www.icehotel.com

war ich ein paar Tage unterwegs, aber als ich zurückkam war das Gefühl sofort wieder da. Jedes Jahr gestalten wir dieses Kunstwerk neu und versuchen es zu verbessern. Unsere Chance ist, es immer wieder neu zu machen und dabei unsere neuen Visionen zu verwirklichen. Neue Ideen, neue Künstler und neue Freunde. Sie kommen jedes Jahr hierher. Es ist eine Herausforderung und eine Erfahrung. Immer und immer wieder aufs Neue.

Wer im Eishotel übernachtet, findet sein Lager auf einem Block aus Eis. Darauf liegen dicke Schichten von Rentierfellen. Die Temperatur in der Nacht kann bis auf minus 10 Grad sinken. Die Menschen liegen in dicken Daunenschlafsäcken auf ihrem kalten Lager. Nur die Nase schaut heraus. Eine Sauna zu Aufwärmen wartet später auf die mutigen Schläfer, die meist nur eine Nacht dort verweilen. Die Bar

Freude beim ersten Tanken 5,6 Liter für Autobild 5,8 Liter für den Hessischen Rundfunk

im Eishotel ist ein glitzerndes, kaltes Vergnügen. Die Getränke werden in Gläsern aus Eis serviert.

Arne Bergh und seine Helfer haben jedes der schimmernden Zimmer im eigenen, traumhaften Stil errichtet. Überall ist das Geschick der besten Eiskünstler der Welt zu bewundern. In einem der Zimmer steht ein Klavier aus Eis, in einem anderen scheinen riesige Eisvögel durch den Raum zu schweben. Überall sind Lampen in das kalte Material eingefügt, geben ein durchsichtiges, traumhaftes Licht. Fast kommt Wehmut auf, wenn der Besucher sich erinnert, wie vergänglich das Ganze ist. Eine Kunst des Vergehens aber auch des Wiederkommens. Ein eiliger Traum des Kommens und des Gehens. Das Eishotel taucht aus dem Nichts auf, steht wie ein Traumschloss mitten in der Winterlandschaft und ist plötzlich wieder verschwunden, als habe es nie existiert. Dann ist es im nächsten Jahr wieder da. Wie ein wahr gewordener Traum.

Was zieht die Menschen hierher? Was erwarten sie von diesem kalten und doch so anheimelnden Ort? Wie kommen sie klar mit eisigen Nächten bei minus 7 Grad?

Monika Sansarik hinter der Rezeption des Eishotels lacht:

„Am Morgen, wenn die Gäste wach werden, sind sie meist sehr überrascht. Vor allem sind sie erstaunt, dass sie die ganze Nacht durchgeschlafen haben. Unser Personal weckt sie an jedem Morgen mit einem heißen Getränk am Bett. Sie sehen dann immer wie große Kokons in ihren Schlafsäcken aus. Am meisten sind sie darüber verblüfft, dass sie tatsächlich durchgeschlafen haben Sie rufen dann, ,ich habe tatsächlich schlafen können und ich lebe noch, bin nicht erfroren!'

Und wie ist es, wenn der Mensch muss? Wo doch dunkle Erzählungen von ganzen Scharen von Japanern sprechen, die nachts vor der einzigen Toilette lauern?

„Die Toiletten im Eishotel sind vor allem für die Nacht gemacht. Daneben gibt es aber noch einen speziellen Saunabereich mit allen Einrichtungen. Es findet sich also immer ein Platz im Häuschen!"

Hinter Monika fällt unser Blick auf die Bilder von zwei berühmten Frauen in der Rezeption. Die sind dort ganz ohne, nur vom Eis ver- und umhüllt zu bewundern. Es sind Kate Moss und Naomi Campell. Die Eine gänzlich bloß in einer Eisflasche, zart vom schimmernden Eis umhüllt. Monika Sansarik schmunzelt:

Anto Sien, immer
gut drauf

Autowaschen bei
minus 17 Grad

„Das Eishotel stellte den Rahmen für die phantastischen Bilder mit Kate Moss und Naomi Campell von Herb Ritz. Das Ganze wurde draußen auf dem zugefrorenen See gestaltet, bei wunderbarem Licht und 30 Grad unter Null. Frierende Models in großen Schneejacken, die sie immer wieder für einige Sekunden auszogen, damit Herb Ritz diese tollen Fotografien machen konnte. Jetzt hängen diese Bilder auch hier bei uns in der Rezeption. Naomi Campell hat übrigens später gesagt, sie würde nie wieder hierher kommen. Für sie sei es einfach viel zu kalt hier!"

Das Eis aus dem Fluss wird als das beste der Welt bezeichnet. Fast schwärmerisch gehen die Künstler mit ihm um. „Es ist klarer und lebendiger als Eis aus einem stillen See", meint Arne Bergh. Dann setzt er fort: „Zuerst einmal ist es reines Wasser. Es ist reines Wasser aus einem der wenigen noch wirklich reinen Flüsse Europas. Und es ist aus einem Fluss, also fließendes Wasser, das auf seinem Weg von den Bergen in die See ist. Dies unterscheidet sich sehr stark von Eis zum Beispiel aus einem stillen See. Sechs Monate halten wir es hier auf seinem Weg auf. Wir bringen das Eis vom Fluss hier hoch und bauen daraus das Hotel. Dann bringen wir das klare Eis hinein und machen daraus alle Einrichtungsgegenstände. Die Säulen, das Mobiliar, die Skulpturen. Alles hier drin ist aus klarem Blockeis gemacht. Im Frühjahr wird es wieder schmelzen und wir lassen der Natur ihren freien Lauf. Das ist das Beste.

Im Februar kehrt die Sonne wieder, wird von Tag zu Tag immer stärker und im Mai wird sie dann Tag und Nacht scheinen. Dann wird das Hotel wieder in den Fluss zurück fließen. Von Tag zu Tag immer schneller. Es ist faszinierend, hier Ende Mai entlang zulaufen und die Ruinen des Hotels zu sehen. Viele Leute sind dann traurig. Die ganze Arbeit völlig umsonst! Aber es war nicht umsonst, denn im nächsten Jahr wird es ein neues Eishotel geben. Es ist wie mit den Jahreszeiten in der Natur. Das ist, was mich so fasziniert! Eine Art der Improvisation. So wie man auf einem Musikinstrument improvisiert.

Arne Bergh wird nachdenklich und schlägt die Brücke zu Schiller. Das ist, was ihn beschäftigt, wenn im Frühjahr das Hotel wieder in den Fluss zurückfließt. Die Bewunderung für das Vergängliche.

Der skurrile Eingang zum Eishotel – Form und Beleuchtung machen den Anblick zum Kunstwerk

Heißer Dampf aus dem kalten Finnland:

Drei Finnen ziehen in eine der einsamen Gegenden des Landes. Was ist das erste, was sie bauen? Natürlich eine Sauna ! Die gehört zum echten finnischen „Way of Life" und ist viel mehr als schnöder heißer Dampf. Kein Wunder dass es in Finnland mehr Saunas als Autos gibt. In Bauernhäusern, fast allen finnischen Haushalten, Sporthallen und den meisten finnischen Hotels sind sie eine Selbstverständlichkeit.

Auch in Militärbaracken und sogar in Gefängnissen gehören sie zur Befriedigung der Grundbedürfnisse. Saunabaden stellt für Finnen fast eine philosophische Handlung dar. Zuerst wird der Raum auf Temperaturen zwischen 70 und 100 Grad aufgeheizt. Man sitzt auf Bänken und immer wieder wird Wasser auf die heißen Steine gegossen. Der dabei entstehende Dampf ist für Finnen der Himmel. Eine genaue Zeiteinteilung für den Aufenthalt, empfinden Finnen als Störungen des Saunarituals und seiner tieferen Bedeutung heftig widersprechend.

Sehr gekränkt sind die Menschen Finnlands bis heute darüber, dass ihre Sauna ausgerechnet von den Schweden in Amerika publik gemacht wurde. Der Dampf in der Sauna wird mit dem Wort Löyly umschrieben. Übersetzt heißt das in etwa Seele und Geist. Der Ort ist den Finnen so heilig, dass selbst sexuelle Aktivitäten in der Sauna verpönt sind. Ein wichtiger Aspekt der Sauna ist ihre Heilkraft. Ein altes finnisches Sprichwort sagt: "Wenn ein kranker Mensch weder durch Teer, Wodka oder durch die Sauna geheilt werden kann, wird er sterben". Der typische Saunatag ist der Freitag. Daher gilt die eherne Grundregel: Besuche nie jemanden in Finnland an diesem Tag, es sei denn du bist zur Sauna eingeladen !

Ein »cooles« Bad bei Minusgraden

„Hoffnungslos weicht der Mensch der Götterstärke.

Müßig sieht er seine Werke und bewundernd untergehen."

„Ja ich habe diese Gefühle. Wenn der Frühling kommt und das Werk verschwindet. Dann habe ich genau diese Gefühle."

Gerade hier in der klaren, reinen Landschaft, in der oft noch unberührten Natur, wird uns wieder klar, wie wichtig es ist, die Umwelt zu achten und zu schützen. Hier bekommt auch ein Auto wie der Toyota Prius, das erfolgreich versucht, die Natur vor weiterem Schaden zu bewahren, eine zusätzliche und wichtige Bedeutung.

Unsere Reise führt uns zurück nach Rovaniemi in Finnisch-Lappland. Neben dem schwedischen Kiruna ist Rovaniemi die zweite große Stadt Lapplands. Die mehr als 800 Kilometer von Helsinki entfernte Stadt ist das Verwaltungszentrum der finnischen Provinz Lappland, mit über 90.000 Quadratkilometern Fläche die bei weitem größte Provinz. Bis zum Nordkapp sind es von hier noch rund 600 Kilometer. Ausgrabungen haben ergeben, dass bereits vor über 8.000 Jahren Nomaden ihr Glück auf der Jagd nach Robben hier versuchten. Seit dem 12. Jahrhundert ist das Gebiet ständig besiedelt.

Es ist 10 Uhr morgens, der Himmel jenseits der Autofenster wird in eine bläulich schimmernde Morgendämmerung getaucht. Die Farbe wechselt von einem weißlich scheinenden hellblau in ein kräftiges stahlblau. Wieder beginnt der stundenlange Sonnenaufgang, der – noch ehe die Sonne überhaupt am Himmel erscheint – schon wieder zum Sonnenuntergang wird.

In Rovaniemi fließen der Kemijokki, mit 510 Kilometern Länge Finnlands längster Fluss und der Onuasjokki zusammen. Um diese Jahreszeit sind beide jedoch noch gefroren. Dicke Eisschollen türmen sich jetzt an beiden Seiten der Ufer. Draußen herrschen inzwischen 29 Grad unter Null.

Rovaniemi erwacht. Über der unwirklich zerklüfteten Winterlandschaft beginnt sich jetzt ein rötlicher Schimmer auszubreiten. Vor einem Hotel in Rovaniemi versuchen sich einige unerschrockene Finnen bei einem Weltrekord im Saunieren. Sie haben an ein Kleinmotorrad die kleinste Sauna der Welt gehängt. Jetzt wartet eine Schlange von wild entschlossenen Männern darauf, in der Mini Sauna für etwa 30 Minuten zu verschwinden. Jeder zahlt einen Obolus, der später einem guten Zweck zugeführt wird.

Die Sauna ist für Finnen nicht nur Genuss, sondern vor allem ein Muss. Jede Familie hat mindestens eine Sauna im Haus oder häufiger im Garten. Dorthin verschwindet man so oft man kann. Die Sauna ist ein Lebensgefühl besonderer Art hier im hohen kalten Norden. In die Sauna geht man um zu entspannen, zu reden, Geschäfte zu machen. Selbst wichtige Entscheidungen von Politikern werden natürlich in der Sauna besprochen und beschlossen. Wenn Finnen in Saunaeinrichtungen in unseren Breitengraden Uhren oder Zeitmesser sehen, die mit Sand arbeiten, schmunzeln sie. Für sie gehört eben keine Uhr in eine Sauna. Hier bleibt man solange man sich wohlfühlt und nicht nach einem Zeitschema. Das sei völlig Sauna-untypisch.

Die Sauna war immer ein Lebensmittelpunkt besonderer Art. Bis in die 1930er Jahre haben viele Finnen das Licht der Welt in einer Sauna erblickt. Die Entspannung durch die Wärme hat den Frauen bei der Geburt geholfen. Nach dem heißen, manchmal auch rauchigen Aufenthalt in der Sauna, immer wieder von heißen Aufgüssen unterbrochen, lieben die Finnen den Sprung ins eiskalte Wasser. Am besten in einen zugefrorenen See oder Fluss. In das dicke Eis wird ein Loch geschnitten und schon springt der Finne fröhlich hinein. Befindet sich kein See in der Nähe (was in Finnland höchst selten ist) wälzt der Finne sich im Schnee. Das tut er mit einem gewaltigen Urschrei und der sofortigen Aufforderung ihm nachzueifern. Wer kann da wiederstehen? Wie findet man eine Ausrede? Medizinisch ist der Erfolg längst geklärt. Die Sauna kann schlicht alles bewegen. Sie härtet gegen Erkältungen ab, fördert den Kreislauf, aber auch das seelische Wohlbefinden. Sogar die Libido bekommt positiven Anstoß. Wenn wundert da noch, dass die Sauna inzwischen weltweit beliebt ist?

Finnen sind meist ziemlich schweigsam. Manchmal gewinnt man den Eindruck, dass die Sauna sogar gesprächsbelebend wirkt. Vor allem, wenn Finnen den Schwitzenden mit Birkenreisig schlagen. Das erhöht nicht nur die Blutzirkulation sondern auch den Redefluß. Natürlich gehört Essen und Trinken zum geselligen Aufenthalt in einer Sauna. Beliebt ist die Saunawurst und flüssige Nahrung in jeder Form.

Unser Weg führt weiter nach Norden. Wir sind auf der Suche nach dem Mann, der Jahr für

Jahr immer wieder aufs neue die Augen von Millionen von Kindern zum Leuchten bringt. Hier oben soll er wohnen – der Weihnachtsmann. Die Finnen behaupten, er lebe unter dem Namen „Joulopukki" in einer kleinen Blockhütte am Fuße des Korvatunturi. Korvatunturi – das heißt übersetzt soviel wie „Ohrenberg". Der bizarre Felsen hat – mit etwas Fantasie – tatsächlich die Form eines Kopfes mit Ohren. Riesige Ohren – damit der Weihnachtsmann alias Nikolaus alias Santa Claus alias Joulopukki hören kann, ob die Kinder in allen Teilen der Welt lieb und artig sind. Die Menschen Lapplands kennen den „Joulopukki" bereits seit Jahrhunderten als Schutzheiligen der Berge, der Verirrten half und kranke Tiere des Waldes heilte. Doch erst 1925 wurde von mehreren Zeitungen eine Verbindung zwischen ihm und dem Weihnachtsmann hergestellt. Den Tourismusverantwortlichen kam

das offensichtlich sehr gelegen. So hat man dem weißbärtigen, alterslosen, rotgekleideten Herrn 1985 in Napapiiri, 8 Kilometer nördlich von Rovaniemi ein eigenes Postamt errichtet. Seitdem – egal ob im Sommer oder im Winter – stehen die Telefone dort nicht mehr still. Klingeln summt durch den großen Raum, in dem zahlreiche Mitarbeiter des Weihnachtsmannes die Flut der Anrufe und Briefe entgegennehmen und beantworten. „Hallo, hier spricht der Weihnachtsmann in Korvatunturi!" Am anderen Ende meldet sich ein kleines Mädchen im fernen Japan, beginnt sofort ein japanischen Weihnachtslied zu singen! Über 400.000 Anrufe von Kindern erreichen den Weihnachtsmann Jahr für Jahr. Rund 300.000 Briefe mit Wunschlisten, Dank und Beschwerden gehen jährlich im Postamt ein. Das wurde irgendwann selbst dem Weihnachtsmann zuviel. Nun sitzt er gleich 40-fach

»Gehörte mein Rentierschlitten nicht zum Image, wäre der Prius mein Auto«

im Weihnachtspostamt vor riesigen Körben mit Post aus aller Welt. Raia Köksla schildert, was die Weihnachtsmänner den Kindern antworten: „Er fragt sie nach ihren Nöten, Sorgen und Wünschen. Die sind oft gar nicht mehr so kindlich. In Zeiten von Krieg und Terror haben die Kinder heute ganz andere Ängste zu bewältigen. Manchmal erfahren wir auch schreckliche Dinge aus ihrem Umfeld."

Viele der Kinder, die hier im Postamt anrufen, legen vor Schreck gleich wieder auf. Anderen allerdings – wie der fünfjährigen Mintu aus Südfinnland – kann der Weihnachtsmann auch ein Lied entlocken. Dann beginnt der Jolupukki mit seiner schönen, tiefen Stimme selbst zu singen.

500.000 Touristen aus aller Herren Länder besuchen den Weihnachtsmann jedes Jahr, schauen ihm beim Beantworten der Weihnachtspost zu und verschicken Postkarten mit dem begehrten Weihnachtsmann-Stempel. Wer sich nicht auf den weiten Weg nach Lappland machen will oder kann – der schreibt eben einen Brief an:

Joulupukki
Santa Claus Office
96930 Arctic Circle
Finnland

Wer es schneller und technischer aber dafür weniger romantisch haben will: Der Weihnachtsmann ist neuerdings auch per E-Mail erreichbar: santaclaus@santaclausoffice.fi. Sogar im Internet kann sein Wirken verfolgt werden. Die Web-Cam steht auf dem großen Platz im Weihnachtsmannland, genau vor dem Ort seines Wirkens.

Wir besuchen den Weihnachtsmann in seinem Büro. Er erzählt uns von seinem rastlosen Tun, dann entsteht eines der Bilder, das natürlich jeder mit nach Hause nimmt. Danach geht der Mann mit seinem roten Mantel und dem langen weißen Bart mit uns vor das Haus und steigt in den Toyota Prius. Er kennt sein vorteilhaftes Umwelt-Management ganz genau und lobt seine Umweltfreundlichkeit: „Ein wirklich gutes und wichtiges Auto. Vielleicht steige ich demnächst von meinem Schlitten um!" Das Weihnachtsmannland und das dazu gehörende Einkaufsland ist inzwischen voller Menschen. Die vielen unterschiedlichen Sprachen sind ein Hinweis, wie international die Besucher sind.

Vom Weihnachtsmann eilen wir zurück nach Rovaniemi und besuchen das Arktikum. Es

liegt an der E 75 in Richtung Norden an der linken Seite des Flusses Ounasjoki.

Der Weg vom Parkplatz zum Haupteingang des Arktikums ist nicht weit – aber er lässt uns die ganze unwirtliche Kälte der Region spüren. 29 Grad unter Null – der Schnee knirscht unter den Schuhen. In der Ferne, hinter den Bäumen am Horizont geht das Weiß der Landschaft schon wieder in ein zartes Rosa über. Um diese Landschaft und seine Bewohner geht es im Arktikum – dem Forschungsmuseum der Universität Lappland. Wie ein riesiger langgezogener Glaspalast liegt es am Stadtrand von Rovaniemi. Eva-Maria erzählt: „Wir nennen es auch Glasfinger zum Norden. Entworfen wurde das Arktikum von der dänischen Architektengruppe Birch-Bonderup und Thorup Waade. Das futuristische Gebäude mit seiner schon von weitem sichtbaren 172 Meter langen Glaskuppel ist inzwischen fast ein Wahrzeichen der Stadt geworden. So wie etwa die Kerzenbrücke nicht weit entfernt."

Die wurde in unmittelbarer Nähe erbaut. Die 320 Meter lange Jätkänkynttilä Brücke führt über den Kemijoki. Ihre markanten zentralen Pfeiler, an deren Spitze Zugseile befestigt sind, ziert eine ewige Flamme. Bei Dunkelheit ist die Brücke schön beleuchtet.

Inzwischen laufen wir durch die langgezogene Halle des Arktikums. Bei der Einrichtung der Innenräume wurden nur lappländische Materialien verwendet. Der Bodenbelag des Innenraums ist Granit aus Perttaus, in den Ausstellungsräumen herrschen Hölzer der Lapplandkiefer vor. Das alles setzt sich im Restaurant des Museums fort, hier werden nur Speisen aus Lappland, wie Fisch, Wild, Pilze und Beeren angeboten. Immer wieder fahren draußen auf dem zugefrorenen Fluss Schneemobile am Arktikum vorbei. Das neue – touristische – Lappland im Kontrast mit der Natur und der Tradition im Museum.

Es geht nicht nur um die Sami – die Ureinwohner Lapplands. Das Arktikum widmet sich allen arktischen Regionen und Ihrer Bewohner – also auch der Innuit und der Nentzen. Es geht um ihre Lebensräume in einer immer kleiner werdenden Welt. Unter dem riesigen Glaskuppeldach hängen kleine ausgestopfte Vögel:

„Der Vogel heißt auf finnisch ‚Tamikken' – auf deutsch soviel wie Schneehuhn" sagt Eva-Maria „Das ist der Vogel für Lappland. Bevor die Sami anfingen, Rentiere zu züchten, haben sie sich hauptsächlich von diesen Hühnern ernährt. Aus den Federn entstand dann sogar

Kleidung." Die Bewohner der arktischen Regionen mussten sich im Laufe der Jahrtausende ganz speziell auf ihren Lebensraum einstellen, das eiskalte Klima, der Permafrostboden und die stark wechselnden Lichtverhältnisse: Im Winter erscheint die Sonne mehrere Wochen lang gar nicht über dem Horizont, im Sommer scheint sie dafür 24 Stunden am Tag. In der Sami-Ausstellung im ersten Untergeschoss steht ein großes, farbenfrohes Zelt. Eva Maria erklärt:

„Diese Zelte nennt man Kotta. Genau eine dieser Kotta wurde noch 1960 von einer samischen Familie benutzt, als sie ihre Rentiere zusammentrieben. Manche sind aus Stoff gemacht – aber meistens sind sie aus Rentierleder."

Trotz der reichen Vorkommen an Bodenschätzen, Mineralien, Fischen und natürlich Holz widmeten sich die Sami seit über 500 Jahren der Zucht von Rentieren. Das Rentier bedeutet für die Menschen im hohen Norden Leben! Ein einträgliches Geschäft: Geweih und Fell werden genauso genutzt wie das Fleisch, das auch heute noch als wahre Delikatesse gilt. Wer die Stellung des Rentiers mit der des deutschen Rotwilds wie Reh und Hirsch vergleicht, liegt falsch. Es wäre keine gute Idee, auf ein Ren Jagd zu machen. „Ich weiß nicht genau, wieviele Jahre man hinter Gittern verbringen würde – aber ich glaube, das ist für die Sami schlimmer, als einen Menschen zu töten. Ein Rentier einfach zu töten, bedeutete die Lebensgrundlage der Sami in Frage zu stellen."

Hauptforschungspunkt im Arktikum sind die Zusammenhänge zwischen den Menschen und ihrer Umgebung – also auch der Tierwelt. An einer interaktiven Wand kann man per Knopfdruck einen Eindruck davon gewinnen. Aus einem versteckten Lautsprecher hören wir die verschiedensten Tierstimmen, darunter auch Wölfe, Raben und das Wappentier Finnlands, den großen weißen Schwan.

Ein Tier darf natürlich nicht fehlen. Überall entlang der Straßen nördlich des Polarkreises wird vor ihm gewarnt – wenn die Schilder nicht von Souvenirjägern abgeschraubt werden – denn das Tier selbst sieht man nur äußerst selten:

„Zum Glück" meint Eva-Maria, „denn Elche erreichen 700 bis 900 Kilogramm und sind bekannt dafür, todesmutig in fahrende Autos zu springen." Das ausgestopfte Tier im Arktikum ist riesig. Der Gang durch das Arktikum ist wie eine Expedition ans nördliche Ende der Welt. Stundenlang kann man sich in den Raumfluchten des riesigen Glasbaus verlieren. Es zeigt die Natur im hohen Norden und das Leben – heute und in der Vergangenheit – damit man beides in Zukunft besser versteht und schützt.

Vom Arktikum fahren wir zum nahegelegenen Golfplatz. Eine ziemlich ungewöhnliche Vorstellung bei den tiefen Temperaturen und dem vielen Schnee – aber: Es gibr ihn tatsächlich. Es ist sogar ein Turnier, als wir dort ankommen. Die Finnen spielen mit roten Golfbällen. Plötzlich reißen sich zwei der Golf spielenden Finninnen die Kleider vom Leib und verschwinden in einer Golfhütte. Ihnen war beim Golfspielen offenbar so warm geworden, dass sie jetzt dringend ein Bad im Eisloch des Flusses zur Abkühlung benötigen. Wir finden, dass Finnen ziemlich seltsame Menschen sind! Die beiden Damen schwimmen fröhlich lachend im Eisloch.

Nach dem Abschlag – Golf spielen im Eis bei minus 17 Grad, ein kaltes Vergnügen mit rotem Ball

1. Tag
Von Rovaniemi nach Stockholm

Am nächsten Morgen um 4:30 sitzen wir hinter den Lenkrädern unserer beiden Prius. Jetzt geht es auf die große Reise und wir haben die ersten 900 Kilometer vor uns. Es hat wieder begonnen zu schneien. Die Straßen sind leer. Wir sind die einzigen Menschen, die so früh unterwegs sind. Und Elche gibt es auch keine zu sehen.

Vor Elchen hat man uns gewarnt. Ein Zusammenstoß könnte auch locker einen Prius zerstören. Oft, so hatte man uns gesagt, würden sie stundenlang am Straßenrand stehen, nur um gegen das einzige Auto anzustürmen, das die Straße entlang kommt. Wir waren gewarnt. Vor einigen Jahren hatte ich einen Reisebus gesehen, dessen Vorderfront

nach einem Zusammenstoß restlos zerstört war. Kein Wunder, denn der Elch ist das größte, freilebende Wildtier Europas. Er kann bis zu drei Meter lang und 2,4 Meter hoch werden. Wenn er losrennt kommen bis zu 800 Kilogramm über die Straße gerannt.

Der Elch ist im Gegensatz zum Rentier ein herrenloses Gut. Das heißt aber nicht, dass er nicht geschützt wird. Hat man tatsächlich eine Kollision mit einem der Riesentiere, muss sofort die Polizei informiert werden. Um es gleich zu sagen: Wir haben bis in den Süden Finnlands kein einziges dieser imposanten und nicht immer freundlichen Tiere gesehen, nicht einmal in der Ferne. Ohnehin sind die Menschen die einzigen Feinde, die der Elch

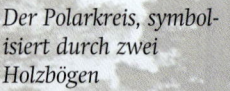

Der Polarkreis, symbolisiert durch zwei Holzbögen

noch hat, nachdem im Laufe des 20. Jahrhunderts die Wölfe, seine einzigen natürlichen Feinde, ausgerottet wurden. Sehr zum Kummer der Forstleute, denn der Elch ist ein Feinschmecker:

Das reichliche Kiefernholz versorgt den „Hochbeiner" mit zarter Spitzennahrung. Vor allem die Nadeln junger Kiefern sind offensichtlich das Beste, was dem Elch zwischen die sanften Lippen kommen kann. Allein in Schweden sind rund 250.000 Jäger hinter ihm her. Allerdings werden die Abschusszahlen vorgegeben. Auf einem Gebiet von 1000 Hektar dürfen sechs Elche – davon drei Bullen – erlegt werden. Da der Elch im Falle eines Zusammenstoßes ein äußerst gefährlicher Autogegner ist, experimentieren die Skandinavier im Bereich besonders gefährdeter Straßenabschnitte mit Wärmesensoren, die Warmlampen blinken lassen. Eine Art Ampel für Elche.

Das ist nötig, denn allein auf Schwedens Straßen sterben in jedem Jahr zehn bis 15 Menschen bei etwa 5500 Zusammenstößen. Der Elchtest ist deshalb skandinavischen Autofahrern eine hochernste Angelegenheit und auf keinen Fall eine Lachnummer. Auch wenn es ein Automobilunternehmen im süddeutschen Raum wohl eher als schmerzliche Erfahrung verbucht, ist der Elchtest dem Skandinavier heilig.

Wir fahren noch immer völlig alleine dahin. Es schneit heftig. Draußen, da wo die Bäume mit ihrer weißen Schneelast wie Figuren in der weiten Landschaft stehen, herrscht die absolute Ruhe. Die Straßen sind schneebedeckt und wir rollen nach Süden.

Auf finnischen Straßen fährt man mit Tempo 80, manchmal auch mit 100, meist aber völlig alleine dahin. Immer wieder warnen gelb-rote Hinweisschilder vor Radarkontrollen. Das ist mehr als nur eine Warnung: Steht ein Schild dort, folgt mit absoluter Sicherheit auch bald der Starenkasten. Die Strafen sind hoch: Ein Kollege, der vor einiger Zeit bei einer recht flotten Fahrt in der Einsamkeit Finnlands zwei am Straßenrand kauernde Polizisten mit zwei Müllsäcken verwechselte, zahlte 800 Euro Strafe für seine Geschwindigkeitsübertretung.

Wir fahren durch einsame Landschaften entlang der finnischen Seenplatte. Birken und Kiefern säumen den Weg. Die Straße war langsam angestiegen und führt nun durch einen Wirrwarr von Seen, Seenbuchten und bewaldeten Inseln und Halbinseln. Verbunden werden die durch Seen, die allerdings mit Schnee

Immer in Eile

bedeckt, kaum erkennbar sind. Überall hat sich Schnee auf den zugefrorenen Wasserflächen ausgebreitet. Rund ein Drittel Finnlands wird durch die finnische Seenplatte bedeckt. Das Land verfügt über die gigantische Zahl von 180.000 Seen, mit seinem im Sommer tiefdunklem, an flachen Stellen gelblichen Wasser.

Früher herrschte auf den Seen eine rege Flößerei, bei der in riesigen Floßzügen die Baumstämme über die Wasserflächen transportiert wurden. Heute macht diese Art von Transport nur noch rund 20 Prozent aus. Nach der letzten Eiszeit wurde das Saimaa-Seen-System durch Landhebung von der Ostsee abgeschnitten. Dadurch wurden die meeresbewohnenden Eismeer-Ringelrobben vom Meer getrennt. Aus ihnen entwickelte sich eine Unterart, die Saimaa-Ringelrobbe. Sie lebt noch immer hier gilt aber als vom Aussterben bedroht.

Auf dem weiteren Weg nach Süden haben wir später eine bedrückende Begegnung. Während wir durch das weite Seengebiet rollen, senkt sich die Straße in einer langen Geraden leicht nach unten. Am linken Straßenrand sind eine große Anzahl brennender Kerzen aufgestellt. Blumen und Kränze bedecken den weißen Schnee. An dieser Stelle hatte sich zwei Tage zuvor eine Katastrophe ereignet, der 26 junge Menschen zum Opfer gefallen waren. Ein Bus mit Studenten auf dem Weg zu einer Skifreizeit war hier mit einem großen LKW kollidiert, der riesige Papierrollen geladen hatte. Jetzt standen die Angehörigen und Freunde trauernd am Straßenrand.

Wenn sich Finnen auf Reisen versammeln, dann geschieht das offensichtlich nur in den wenigen Raststätten am Rand der Straßen. Die

*Vom Toilettenhäuschen
zur Sauna umfunktioniert*

*Linke Seite:
Die Kerzenbrücke in
Rovaniemi*

Mittagsstopp in Finnland

Finnische Polizisten machen uns auf den Faux-Pas aufmerksam: Die Route auf den Fahrzeugen ist falsch geklebt…

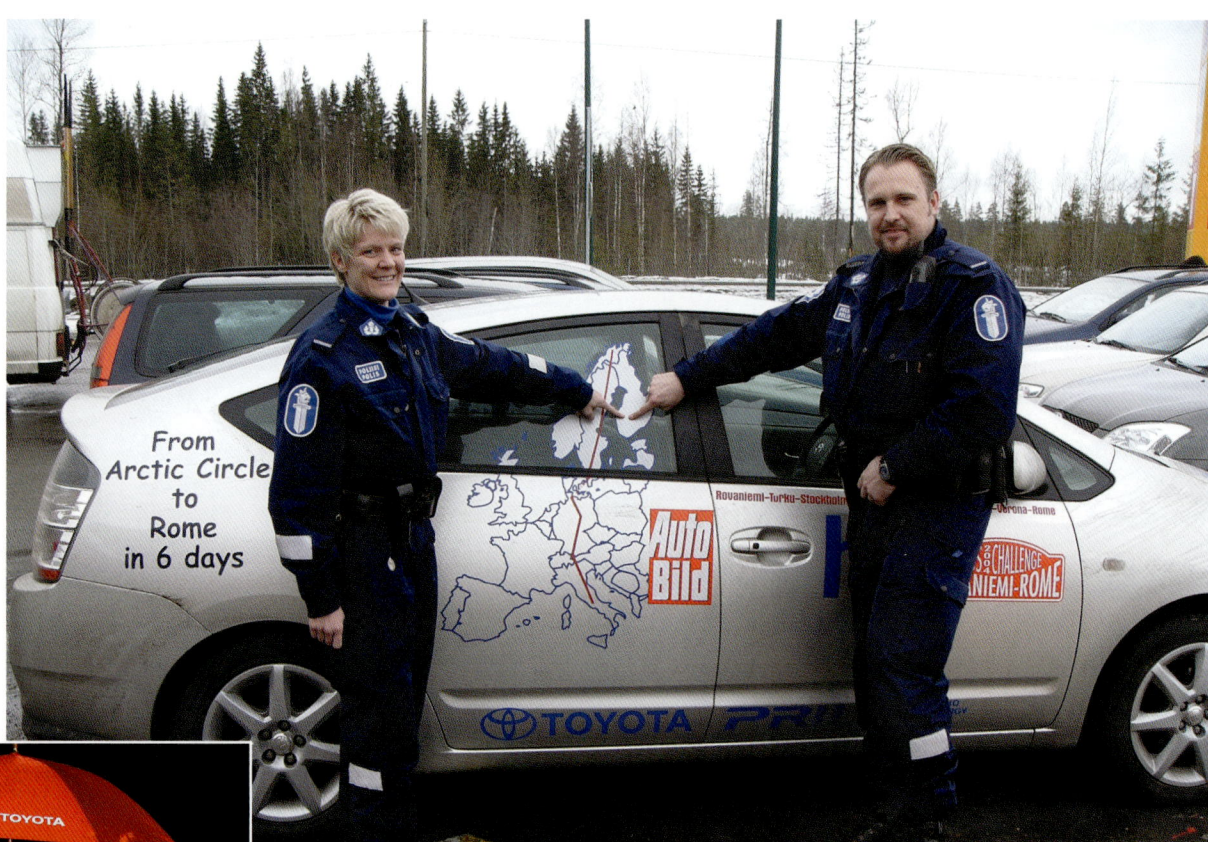

From
Arctic Circle
to
Rome
in 6 days
Auto Bild
TOYOTA
CHALLENGE
2004
NIEMI-ROME

Peter bessert die fehlerhafte Beschriftung auf den Prius nach

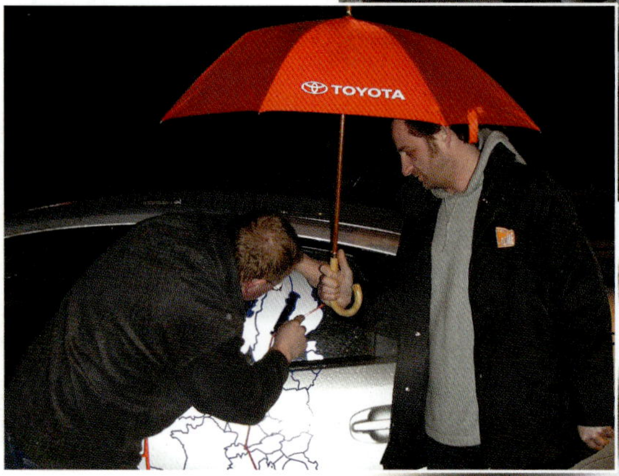
TOYOTA

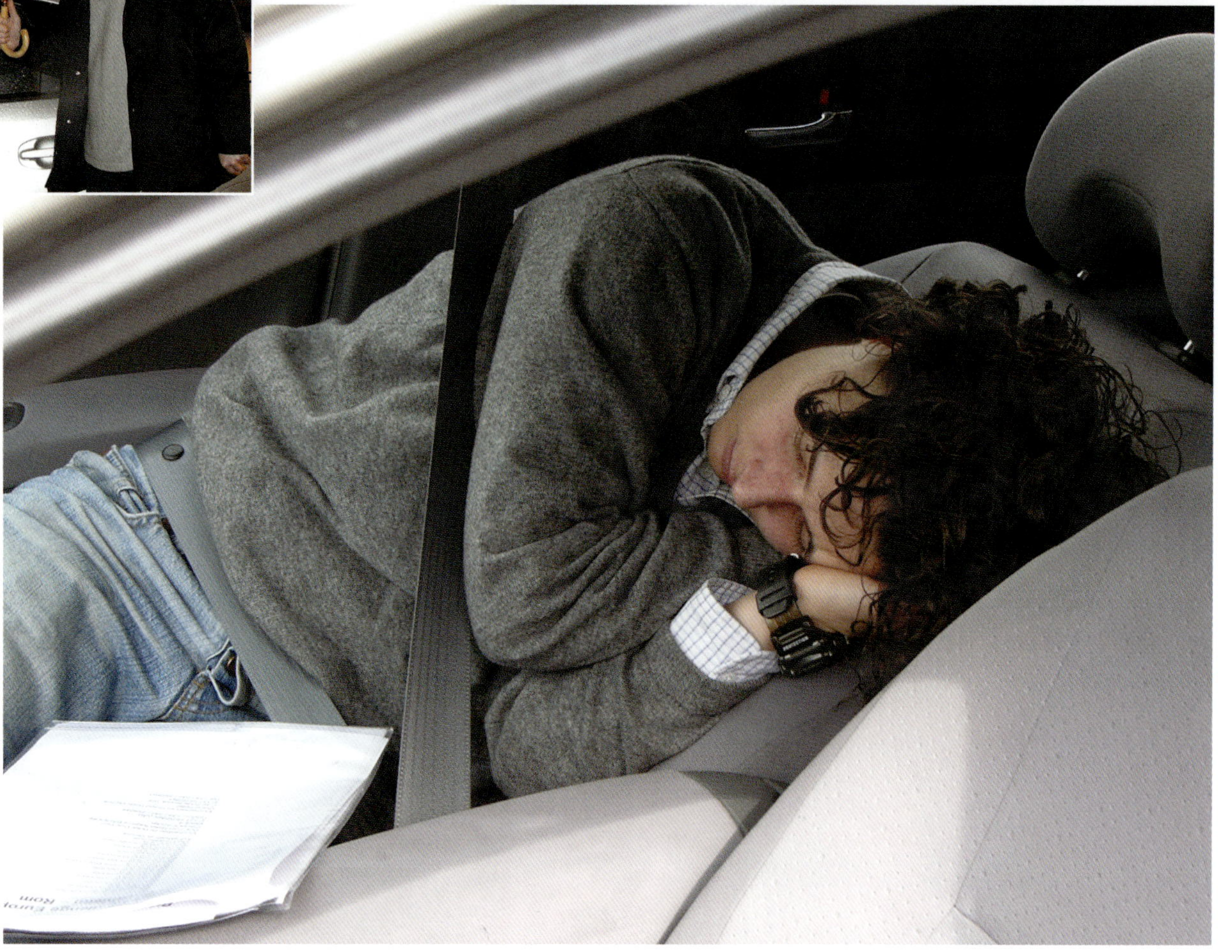

1000 Kilometer am Tag und dabei einen Film drehen kostet seinen Tribut: Kamerafrau Michaela Steuer

sind meist überfüllt, wobei ihr kulinarisches Angebot dem Andrang kaum standhält. Der nach langem Warten ergatterte „Hesburger", ein zerquetschtes Brötchen mit einer Art Hamburger zwischen drin, erwies sich als echter Appetitvernichter.

Wieder rollen wir über einsame Straßen und werden vom zentralen Bordinstrument des Prius unterhalten: Es zeigt uns, welche Antriebsquelle gerade im Einsatz ist und vor allem, wo unser Durchschnittsverbrauch liegt. Zwischen beiden Fahrzeugen entwickelt sich dabei ein echter Wettbewerb. Der Prius von *Auto Bild* braucht immer etwas weniger Treibstoff. Warum nur, fragen wir uns? Es muss wohl unser größeres ‚Allgemeingewicht' sein, wir haben schließlich auch wesentlich mehr Gepäck dabei, tröstet uns die vor uns fahrende Mannschaft. Auf den Landstraßen Finnlands spielt der Prius seine Stärken besonders aus: Beide Fahrzeuge liegen jetzt bei einem Verbrauch von unter 5 Liter auf 100 Kilometer. Bei den nummerierten Hauptstraßen unterscheidet man Straßen erster und zweiter Ordnung. Sie heißen Valtatie und Kantatie. Nummern auf rotem Grund zeigen Fern- oder Reichsstraßen an. Es gibt nur einige kurze Autobahnabschnitte, oder gut ausgebaute

Autostraßen. Sie sind mit dem Namen Moottoritie gekennzeichnet.Nach 13 $\frac{1}{2}$ Stunden und knapp 900 Kilometern erreichen wir die südfinnische Hafenstadt Turku.

Turku liegt rund 160 Kilometer westlich von Helsinki und ist die älteste Stadt Finnlands. Bis zum Jahre 1812 war Turku auch die Hauptstadt des Landes. Turku liegt an der Mündung des Aurajoki in den Bottnischen Meerbusen. Vor Stürmen wird das Gebiet von mehreren großen Inseln und Schären geschützt. Neben einer finnischen gibt es auch eine schwedische Universität. Fünf Prozent der Bevölkerung sprechen schwedisch.

Aus der Stadt stammt einer der berühmtesten Söhne des Landes, Paavo Nurmi. Mit neun Gold- und drei Silbermedaillen schrieb der bei drei Olympischen Spielen Sportgeschichte. 1525 erhielt die Stadt von König Gustav Wasa die Stadtrechte. Als wir in Turku ankommen hat sich der Schneefall in Regen verwandelt. Wir stehen im Hafen und warten auf die riesige Fähre, die uns über das Meer nach Stockholm bringen soll. Dann taucht sie schemenhaft am Horizont auf. Wir rollen als letzte in den gewaltigen Bauch der Ostsee Fähre. Dabei lernen wir, dass die, die als letzte aufs Schiff fahren am nächsten Morgen als erste wieder

Die schöne Isabella, diesmal nicht von Kastilien

Sie ist die trinkfeste Verbindung zwischen dem finnischen Turku und dem schwedischen Stockholm. Trinkfest deshalb, weil in beiden Ländern Alkohol zwar äußerst beliebt, dafür aber durch hohe Steuern sehr teuer ist. Einzig auf den Fähren der Ostsee darf Alkohol günstig verkauft werden, sobald man die Hoheitsgewässer verlassen hat.

Mit der Isabella fahren viele Passagiere in einer Art Minikreuzfahrt, manchmal allerdings gibt es auch ungeahnte Abenteuer: in der Nacht vom 19. zum 20. Dezember 2001 lief die Fähre Isabella eine halbe Stunde nach Mitternacht auf Grund.

Die 663 Passagiere verbrachten die Nacht im Restaurant auf dem Oberdeck. 14 Stunden nach ihrer Strandung wurde die Fähre von zwei Schleppern von den Felsen vor den Aland-Inseln gezogen. Bei der Havarie war die Bordwand nicht nur eingebeult, sondern an einer Stelle sogar aufgerissen sowie Ruder und Schraube beschädigt. Für die Passagiere war die Nacht aber trotzdem zum Glück nur im Restaurant feucht.

registertonnen. Zwar frieren im Winter alle Wasserflächen zu, aber die große Eisbrecherflotte des Landes hält die wichtigsten Häfen eisfrei. Im tiefen Winter lassen sich die zugefrorenen Seen, aber auch bestimmte Streckenabschnitte des Meeres als Strassen nutzen. Manchmal kann man in einem kalten Winter sogar über den Bottnischen Meerbusen bis nach Schweden mit dem Auto fahren.

Mit der Viking-Line-Fähre ‚Isabella' reisen wir bei nass-kaltem Wind über das Meer nach Stockholm. Eisschollen kratzen am Rumpf des Schiffes, auf das über 300 Autos und rund 2.500 Passagiere passen. Für letztere ist die nächtliche Überfahrt vor allem der günstige Zugang zum in Skandinavien so teuren Alkohol. Manch einer hat seine Kabine in dieser Nacht nie gesehen. Im Fahrstuhl sitzt in die Ecke gekauert ein tiefer Schläfer. Der Alkohol hat die enge Kabine für ihn zur Schiffskabine, die er wohl vergeblich versuchte zu erreichen, gemacht. In den Einkaufsläden stehen viele Passagiere und erwerben vor allem Alkohol. Ganze, riesige Biergebinde werden davon getragen und meist gleich getrunken. Wir sind von der langen Fahrt hundemüde und eilen in unsere Kabinen. Es wird eine kurze Nacht. Um 6 Uhr 30 erreichen wir Stockholm.

hinaus dürfen. Die Letzten werden die Ersten sein…

Die großen Fähren Finnlands sind Passagier- und Frachtfähren. Finnlands Handelsflotte verfügt über 480 Schiffe mit mehr als 100 Brutto-

Einfahrt zur Fähre Isabella

Die Isabella:
Eine Stadt für sich

2. Tag
Von Stockholm nach Kopenhagen

Foto-Shooting ist angesagt. Die Straßen sind leer und vor dem Palast des Königs bleibt der einsame Wachsoldat ungerührt, als wir den Prius an seine Seite stellen. Kungliga Slottet, das Königsschloss besitzt 608 Räume, die zum Teil besucht werden können. Berühmt sind die Gobelins und die schwedischen Wandteppiche im Arbeitszimmer von König Oskar II., das sich im Trakt der Bernadottes befindet. Hier kann man besichtigen, wie ein König früher arbeitete. Vor dem Schloss steht noch immer ungerührt die Wache. Kaum – fast unbemerkt – bewegen sich seine Augen zu den beiden Toyota Prius. Auf die Frage, ob wir ihn zusammen mit dem modernen Hybridauto fotografieren dürfen, nickt er fast unmerklich.

Die engen Gassen der Innenstadt sind trotz des grauen Wetters ein schönes Motiv. Wir haben ein gutes Gefühl, als sich der Prius überwiegend elektrisch dahinbewegt. Am Galärvarvsvägen 14 fahren wir am Vasamuseet vorbei. Drinnen liegt das Kriegsschiff Vasa, nachdem es Jahrhunderte im Schlamm des Stockholmer Hafens versunken war. Sein Fund war der Erfolg einer langjährigen, privaten Initiative von Anders Franzen. Der Seekriegshistoriker und Meeresarchäologe hatte drei Jahre das Stockholmer Hafengebiet durchkreuzt und eines Tages eine Planke schwarzer Eiche aus dem Wasser gezogen. Sie war ein Teil des verschollenen Kriegsschiffes Vasa.

1961 taucht das Schiff mit der unglücklichen Vergangenheit wieder aus dem dunklen Wasser des Hafens auf. Der Besuch des Museums ist eine Zeitreise über vier Jahrhunderte. Die findet in einer Art Klimakammer mit 60 Prozent Luftfeuchtigkeit und 20 Grad Temperatur statt. Der Schicksalstag der Vasa ist der 10. August 1628.

Das Schiff liegt am Logarden Kai vor dem königlichen Schloss. Es ist der Tag ihrer Jungfernfahrt. An Bord sind rund 150 Mann Besatzung, aber auch Frauen und Kinder, die diese Fahrt mitmachen dürfen. König Gustav Adolf der II. liegt mit seiner Flotte vor Danzig. Die Vasa setzt vier ihrer zehn Segel, das Vormars-und das Großsegel, Fock und Besan. Dann wird das Schiff von einer kleinen Fallbö erfasst, neigt sich vor den Augen von Zehntausenden entsetzten Stockholmer Bürgern zur Seite, richtet sich noch einmal kurzfristig auf, krängt dann weit nach Backbord.

Jetzt geht alles ganz schnell. Durch die Geschützpforten strömt Wasser, das mit rasender Geschwindigkeit steigt. Der größte Teil der Besatzung springt ins acht Grad kalte Wasser. Dann verschwindet der Stolz der Flotte unrühmlich in den Fluten. Nicht alle Matrosen können sich retten, auch die Schiffskatze sinkt mit dem Schiff auf den Grund des Hafens.

Die Unglücksursache wird schnell ermittelt. Es sind erhebliche Mängel bei der Konstruktion. Viel zu viele Kanonen, damit ein zu hoher Schwerpunkt, aber auch die nur 1,20 Meter über der Wasseroberfläche befindlichen Geschützpforten haben das Schicksal des Schiffes schon besiegelt bevor es überhaupt schwamm. Man hätte gewarnt sein können, denn schon bei der Kenterprobe kurz vor der Fertigstellung war klar geworden, dass das Schiff instabil war.

Für die Archäologen erwies sich das Unglück als historischer Glücksfall. Die Vasa ist das einzige erhaltene Beispiel der Schiffsarchitektur der ersten Hälfte des 17. Jahrhunderts. Für die Vasa wird nach ihrer Bergung ein eigenes Pontonhaus gebaut. Dort bleibt sie neun Jahre, bis Archäologen die rund 13.500 gefundenen Teile zugeordnet haben. Dazu gehören Masten und Takelage, Beiboot und Skulpturenschmuck, Kupfer und Silbermünzen. Geborgen wurden Bier- und Rumfässer, ganze Seemannstruhen, das neun Meter hohe Ruder, Waffen und Pulverfässer, Bronzeleuchter. Selbst der Tisch des Admirals wird gefunden.

Das Vasa-Museum ist eine Reise in eine längst vergangene Zeit, eine Zeit in der Schweden eine Großmacht war. Sie ist aber auch der Beweis, dass ein großer König noch lange nicht auch ein guter Schiffsbauer sein muss. Der König hatte die Eckdaten vorgegeben. Das Schiff wäre nicht gesunken, hätte man es nur 20 Zentimeter breiter gebaut. In heutiger Zeit würde die Vasa wohl Eingang in ein Buch der Rekorde finden. Das Schiff, das eine Untersuchungskommission des schwedischen Reichsrates als Lachnummer bezeichnet hat, legte bei seiner Jungfernfahrt wohl die kürzeste Strecke zurück, die je ein Großsegler bewältigte. Sie war im Hafen von Stockholm weniger als eine nautische Meile, noch nicht einmal 1300 Meter weit gekommen, bevor sie in den Fluten versank.

Stockholm zählt durch seine einmalige Lage zwischen dem See Mälaren und der Ostsee zu den schönsten Hauptstädten der Welt. Zu recht trägt die Stadt auch den Namen „Schönheit am Wasser". Die Altstadt Gamla Stan trennt das Meer und den See voneinander. Hier beginnt im zwölften Jahrhundert die Geschichte Stockholms. Die Ursprünge der Stadt liegen wie auch die Frühgeschichte Schwedens im Dunkeln.

Vielleicht waren die Wikinger zu sehr mit Kämpfen, Beutezügen und Handel beschäftigt, um lange Texte auf ihre Gedenksteine zu ritzen. Aus ihrer Ära sind kaum Zeugnisse oder Spuren erhalten geblieben. Schon im zwölften Jahrhundert trieben deutsche Kaufleute aus Lübeck hier Handel mit Eisen. 1252 wird Stockholm zum ersten Mal urkundlich erwähnt.

Dort wo heute das Schloss steht, hatte 1252 Birger Jarl eine Befestigungsmauer errichten und den kurz zuvor erbauten Wachturm vergrößern lassen. Drei goldene Kronen schmückten das Bauwerk. Daraus wurde der Name Tre Kronor abgeleitet. So entstand ein Wahrzeichen der Stadt. Im 18 Jahrhundert lebten in der Stadt etwa 75.000 Menschen. Ende des 19. Jahrhunderts löste die industrielle Revolution eine Landflucht aus. Die Folge war, dass die Bevölkerung auf über 300.000 Einwohner anstieg. Heute hat die Stadt rund 750.000 Einwohner. Zählt man das Umland dazu, kommt man auf rund 1,6 Millionen.

Um 5:30 Uhr verlassen wir die Isabella

Wenn man auf dem Kakanes-Turm steht, versteht man warum die Schweden ein Volk der Seefahrer sind und die Wikinger die Ostsee in Richtung Russland überquerten. Sie wagten sich auf den großen Flüssen bis nach Konstantinopel vor, mieden aber die gefährlichen Routen nach Westen. Bis heute prägt das Wasser das tägliche Leben der Schweden, auch wenn es oft nur ein Freizeitvergnügen ist.

Durch die menschenleeren Straßen nähern wir uns mit den beiden Prius, dem Landcruiser und dem Previa, die uns begleiten, der Gamla Stan. Hier ist der mittelalterliche Charakter weitgehend bewahrt geblieben. Auf verschlungenen Wegen rollen wir durch die kleinen Gassen.

Hier haben früher die Seeleute ihre Waren transportiert. Im Mittelalter wurde Stortorget, der lebhafte Marktplatz, vom Stimmengewirr deutscher Kaufleute, Marktfrauen und Handwerker erfüllt.

Kurz vor Mittag geht es weiter in Richtung Kopenhagen. Christian findet, dass ein auf schwedischen Autobahnen dahinrollender Prius ein

schönes Motiv ist. Sein Kopf taucht aus dem Schiebedach des Autos vor uns auf, die Kamera ist im Anschlag. Plötzlich spricht Marc im Funkgerät von baldiger Wetterbesserung: „Die Brillen fliegen heute so tief..." Das alles findet Christian überhaupt nicht komisch und bestellt bei seiner Frau eine neue Brille in Hamburg. Trotz intensiver Suche konnte die Brille nicht wieder gefunden werden. Dafür wird Ralf jetzt zum Dauerfahrer bis Hamburg. Wir fahren durch den südlichsten Teil Schwedens Skane. Er liegt Dänemark schon so nahe, dass die Menschen hier schwedisch mit dänischem Akzent sprechen. Nach der Eröffnung der Öresund Brücke am 1. Juli 2000 ist man sich noch etwas näher gekommen. Skane ist ein fruchtbares Gebiet. Wegen seines milden Klimas und dem Fischreichtum ist die Gegend für die Lebensmittelversorgung Schwedens von großer Bedeutung. Die Landschaft wird von sanften Hügeln und saftigen Wiesen bestimmt. Das die Gegend reich ist beweisen die rund 240 Schlösser und Herrenhäuser. Leider

kann man die meisten nicht besichtigen, da sie sich in Privatbesitz befinden.

Wir erreichen Malmö, mit knapp 250.000 Einwohnern die drittgrößte Stadt Schwedens. Malmös Rathaus steht an einem der größten Plätze Skandinaviens dem Stortoget. Gebaut wurde es in der Zeit der niederländischen Renaissance. Wer typisches Altstadtflair sucht, muss nach Lilla Torg. Dort gibt es viele schöne restaurierte Häuser und Kopfsteinpflaster. Im 1988 eröffneten Rooseum werden Werke internationaler und schwedischer Künstler gezeigt. Auf die Zeit in der Schweden und Dänemark fast eine Art Dauerkonflikt ausgetragen haben, weist das Kommendantenhus hin. Hier werden die Relikte aus diesen kriegerischen Tagen aufbewahrt.

Es ist schon dunkel, als wir Kopenhagen erreichen und wir haben inzwischen viele kleine grüne Autos gesammelt. Die tauchen im Zentraldisplay des Prius immer dann auf, wenn der Generator aus der überschüssigen Bewegungsenergie Strom für die Batterie gewonnen hat. Jedes grüne Auto entspricht 50 Wattstunden Strom.

Kopenhagen – die strategische Bastion der Ostsee

Die Hauptstadt der ältesten Monarchie der Welt ist zwar „erst" 1.000 Jahre alt, dafür aber mit einer wohl einzigartigen Eigenart: während in allen anderen Ländern Europas die Herrscher lieber dem Dolce Vita frönten als der Verteidigung ihres Landes beizuwohnen, lebten die Dänischen Könige in der wichtigsten Festung ihres Reiches: am Öresund auf der Verbindung zwischen Dänemark und Schweden. Wer diesen Teil der Ostsee kontrolliert, der herrscht über das ganze Meer und so wurde das kleine Dänemark über Jahrhunderte die wichtigste Macht des Nordens.

Als eines der ersten Länder erhebt Dänemark 1536 die lutherische Lehre zur Staatsreligion und sorgt dafür, dass der päpstliche Einfluss in Nordeuropa schwindet.

Gegen Schweden als zweite große Macht des Nordens kann sich Dänemark lange behaupten, besonders weil Kopenhagen der wichtigste Handelsplatz der Ostsee ist.

Diesen Platz hat Dänemarks Hauptstadt auch heute noch, allerdings ist die Ostsee schon lange nicht mehr der zentrale Handelsplatz Europas.

Heute ist die traumhafte Innenstadt ein Weltkulturerbe und für Touristen ein lohnendes Ziel.

3. Tag
Von Kopenhagen nach Hamburg

Bei der morgendlichen Tour durch die sonnige Hauptstadt Dänemarks hält uns ein Motorradpolizist an. Ich lege schuldbewusst die Kamera aus der einen und das Funkgerät aus der anderen Hand. Der Polizist nickt und meint schmunzelnd: „Ein tolles Auto, aber bitte trotzdem beide Hände ans Lenkrad. Wir ändern übrigens gerade unsere Gesetze hier in Dänemark: In Zukunft werden Hybrid-Fahrzeuge finanziell besonders gefördert."
Dann interessiert er sich nicht weiter für mein schlechtes Verkehrsverhalten sondern schaut sich den Prius genau an. Er stellt viele Fragen und meint zum Schluss:

„Das ist mit Sicherheit mein nächstes Auto!"
Wer in Kopenhagen nur einige Tage Zeit hat, sollte sich in der schönen Hauptstadt Dänemarks auf jeden Fall das Tivoli, den pulsierenden Stroget sowie die königliche Residenz Amalienborg Slot anschauen. Der Vorteil dabei ist, dass wichtige Sehenswürdigkeiten wie der Rathausplatz, Schloss Christiansborg, der schöne Nyhavn und die kleine Meerjungfrau am Weg liegen.
An den Nyhavn, einem der beliebtesten Treffpunkte der Stadt kommen wir im frühen Morgenlicht. Hier hat Hans Christian Andersen in den Häusern Nummer 18, 20 und 67 gewohnt. Früher war das hier die sündige Meile Kopen-

hagens. Heute ist Nyhavn mit seinen alten Segelschiffen und anderen Oldtimern ein romantischer Ort. Vorbei am Schloss Amalienborg fahren wir zur kleinen Meerjungfrau. Jeden Mittag um 12 Uhr, falls die Königin zu Hause ist, findet vor dem Schloss Amalienborg der große Wachwechsel statt. Die neue Wache startet gegen 11.30 von der Rosenborgkaserne und marschiert durch die Innenstadt zum Schloss. Der damalige Hofarchitekt und Stadtbaumeister Nicolai Egtved war federführend beim Bau des Schlosses. Königin Margrethe II. wohnt im Palais Schack, Kronprinz Frederik im Palais Levetzau, dass auch Palais Christians VIII. genannt wird.

Die wohl bekannteste Dänin der Welt sitzt am Hafenufer von Langelinie. 1913 entstand die kleine Skulptur „Den Lille Havfrue" nach einem Märchen von Hans Christian Andersen. Es ist die Geschichte der kleinen Nixe, die aus dem Meer steigt, weil sie sich in einen schiffbrüchigen Prinzen verliebt hat. Leider muss sie die Welt der Menschen wieder verlassen, weil der Prinz ihre Liebe nicht erwidert. Bei der Premiere des Balletts von der kleinen Nixe 1909 hatte der Brauereibesitzer Carl Jakobsen die Idee der Stadt Kopenhagen eine Kopie des Fabelwesen zu schenken. Das Vorbild sollte die gefeierte Primaballerina Ellen Price werden. Die hatte allerdings keine Lust dem Künstler nackt Modell zu sitzen. So wurde nur ihr Gesicht verewigt. Vorbild des Körpers wurde die Frau des Künstlers. Immer wieder war die kleine zauberhafte Skulptur Ziel von ruchlosen Angriffen. Schon dreimal, zuletzt 1998 wurde ihr allein der Kopf abgesägt. Der ist allerdings inzwischen wieder längst angeschweißt.

Wir bringen unsere beiden Prius in günstige Position, fotografieren und lassen uns ebenfalls verzaubern. Vor der kleinen Meerjungfrau mit ihrem sehnsuchtsvollen Blick zieht eines der riesigen Schiffe vorbei. Der Platz der „Lille Havfrue" ein Ort der Sehnsucht auch nach Ferne.

Wir fahren weiter.

Am Flughafen in Roskilde treffen wir Sören Nielsen von HeliFlight und seinen Eurocopter. Vor uns liegt die Brücke über den großen Belt. Sie überwindet 18 Kilometer Seeweg zwischen Fünen und Seeland und hält gleich mehrere Weltrekorde: Mit 260 Metern Pylonenhöhe ist sie 26 Meter höher als die Golden Gate Brücke in San Francisco. Ihre freie Spannweite von 1624 Metern ist einmalig auf der Welt. Am 12. Juni 1986 hat das dänische Parlament be-

Ny Havn, eines der Schmuckstücke Kopenhagens – ein Muss für Touristen

schlossen, dass eine feste Verbindung über den großen Belt gebaut werden sollte. 12 Jahre später – am 14. Juni 1998 wurde sie von der dänischen Königin Margarete dem Verkehr übergeben.

Nicht einmal starker Wind kann der Brücke viel anhaben. Da die Hauptwindrichtung in Dänemark von West nach Ost geht und die Brücke in Ost-West-Richtung verläuft, bereitet selbst heftiger Sturm in den meisten Fällen

Hans Christian Andersen

Geboren am 2. April 1805 in Odense (Dänemark) als Sohn eines armen Schuhmachers. Die Familie war so arm, dass er erst die Schule besuchen konnte, nachdem sein außergewöhnliches Talent dem dänischen König Friedrich VI aufgefallen war. Dessen Stipendium ermöglichte Andersen 1822 den Besuch der Lateinschule in Slagelsen. Bis 1828 wurde ihm auch das Universitätsstudium bezahlt.

Andersen unternahm viele Reisen durch Deutschland, Frankreich und Italien, die ihn zu lebhaften impressionistischen Studien anregten. Sein Weltruhm begründet sich allerdings auf den allseits bekannten Märchen. Insgesamt hat er 168 Märchengeschichten geschrieben. Andersen starb am 4.8.1875 in Kopenhagen.

Im Stadtteil Christians-
havn findet man sehr
schöne restaurierte Häuser
und einige Kanäle, die
diesem Stadtteil auch den
Beinamen "Klein Amster-
dam" verschafft haben

Alte Schiffe erinnern in Ny Haven an längst ver-gangene Seemannszeiten

keine Schwierigkeiten. Sollte es wirklich einmal ganz hart kommen, die steife Brise zum Orkan werden, teilen Hinweisschilder an den Autobahnen mit, ob es Probleme auf der Brücke gibt und wann eine eventuelle Sperrung wieder aufgehoben wird. Bedient werden die Schilder von der Polizei, die ihre Informationen direkt von den Windmessern auf der Ostbrücke bekommt.

Mit Sören Nielsen klettern wir in den Eurocopter EC120 und fliegen von Roskilde bis zum Brückenansatz. Da ist unsere Fahrzeugkolonne schon gut 30 Minuten unterwegs. Der Zeitpunkt ist gut abgesprochen, denn schon nach wenigen Minuten sehen wir die beiden silbernen Prius – verfolgt von den Begleitfahrzeugen – auf die Brücke fahren. Mit wenigen Metern Abstand eskortieren wir die Fahrzeuge fliegend auf die andere Seite. Unter und neben uns spannt sich das imposante Brückenbauwerk über den großen Belt. Als wir am Ende der Brücke ankommen braucht Michaela für ihre Fernsehkamera auch Bilder aus dem fahrenden Auto. Wir fahren also wieder zurück und landen mit unserem Hubschrauber wieder am Anfang des riesigen Brückenbauwerkes.

Michaela steigt in einen der Prius. Erneut beginnt die 18 Kilometer lange Fahrt über die gewaltige Brücke. Wieder auf der Ostseite des Belts angekommen, steigt Michaela nun in eines der Begleitfahrzeuge. Man braucht schließlich auch bewegte Bilder von außen! Doch der Versuch, vom Brückenrand die vorbeifahrenden Prius zu filmen, schlägt fehl: Inzwischen hat uns die Brückenwacht wohl über die Videoanlage entdeckt und kommt mit einem Servicefahrzeug. Die Warnleuchten blinken. Das Fahrzeug mit Michaela und der Fernsehkamera wird abrupt gestoppt, uns bedeutet man gestenreich weiterzufahren. Wir warten am Ende der Brücke auf den Toyota Previa mit dem Kamerateam. Michaela ist verzweifelt: Sie hat immer noch keine Bilder von der Brücke aus dem fahrenden Auto. Also fahren wir erneut über die Brücke. Mit Zustimmung der Brückenwacht können wir nun ungestört filmen. Die fünfmalige Überquerung der Beltbrücke an einem Nachmittag bleibt ein stiller Rekord. Im Guiness Buch der Rekorde ist der wohl nicht nachzulesen – nur in unseren Reisekosten. Da allerdings schlägt die fünfmalige Brückenüberquerung mit immerhin 700 Euro zu Buche!

Nach dem Grenzübergang Padborg geben wir den beiden Prius zum ersten Mal richtig die

Sporen: Mit bis zu 170 km/h eilen wir gen Hamburg, natürlich nur da, wo es erlaubt ist. Die beiden Hybridautos schnurren ohne Probleme über die Autobahn. Bald haben wir vergessen, dass hier ein völlig neuer Antrieb am Werken ist. Am Freihafen in Hamburg erwartet uns der schönste Sonnenuntergang der Reise. Hamburgs Tor zur Welt in rosa Licht getaucht.

Hamburg, die Stadt, die auf mich eine geradezu magnetische Anziehungskraft auslöst. Noch nie bin ich an dieser Stadt vorbeigefahren, auch wenn mein Ziel weit nördlicher lag. Mein erster Weg geht dabei immer zu den Landungsbrücken und schon kommt er unaufhaltsam, der Drang weiter zu reisen hinaus auf die Elbe, weiter nach Westen. irgendwo hin. Das Ziel erscheint dabei völlig unwichtig, nur dem Ruf der Möwen nach, dem Geruch nach Salzwasser und Öl folgen. Hamburg das wirkliche Tor zur Welt. Nie habe ich so auf einem großen Flughafen empfunden. Hamburg neben Berlin vielleicht die einzige Weltstadt in Deutschland, nur liberaler, schöner und reicher, als der Rest der Republik. Und ein wenig mehr Mühe muss man sich hier auch geben, wenn man die Menschen verstehen will, ihre vermeintliche Arroganz, die eigentlich kühle Zurückhaltung ist, begreifen. In Hamburg hat man was und nimmt nichts, vor allem keine Orden, wenn man was sein will. Eine Stadt voller Selbstsicherheit, mit dem Ausdruck einer besonderen Geisteshaltung.

Die vielen Wasser, Flüsse und Seen lassen im wieder den Verdacht aufkommen die Stadt sei aus dem Wasser aufgetaucht. Das Wasser bestimmt das Leben, selbst im Herzen der Stadt, durch die beiden Binnenseen der Alster und der Elbe. Hoffnung aber auch Bedrohung, wenn sich wieder einmal eine Sturmflut ankündigt. Hamburg orientiert sich nach außen, aus dem Land weg, hin zur Ferne. Das macht die Stadt so anders und so reizvoll. Der Blick geht nicht nach innen, die Interessen liegen hinter den Weltmeeren. Freiheit ist hier aus Geschichte und Tradition geboren. Einem Krieg der Hanse gegen Dänemark wich die Stadt aus, indem sie lieber an den Gegner zahlte.

Wie schnell Entwicklungen hier gehen, welches Tempo globales Denken mit sich bringt, zeigt die Stadt in der geradezu stürmischen Wandlung der Architektur. Klinkerbauweise und Langeweile ade, die Speicherstadt beweist es auf fast dramatische Weise. Glasarchitektur

Wir fahren auf die Große Belt-Brücke, fotografiert aus der Hubschrauberperspektive

Hamburg – Die neue „alte" Speicherstadt

für den klaren Durchblick, nicht ohne hanseatische Strenge. Das zeigt auch der Flughafen mit seiner dynamischen Stahlkonstruktion und seinem Dach mit der Andeutung einer Tragfläche voller Selbstbewusstsein. Weiß ist allgegenwärtig nicht als Farbe der Unschuld, fast wie eine Flucht vor den dunklen Klinkerbauten. Weiß ist auch die vorherrschende Farbe im Design Hotel Side, das Jan Störmer an der Drehbahn baute. Die zarten Pastelltöne, die kühlen Materialien, wirken fast so als wäre man in einem Eisblock. Hanseatisches Understatement gepaart mit vornehmer Zurückhaltung, das ist der Stil der hier ankommt.

Das Hotel Side ein Haus aber auch mit einer dramatischen Geschichte. Wenig Platz für Autos war der Auslöser für ein höchst futuristisches Parksystem. Autos, die computergesteuert in ihre Schlafecke schweben sollten. Aber

das System beherrscht bis heute den Menschen. Die Autos wollen nicht da hin gelangen wo sie hin sollen. Schon bei der Eröffnung erzählte uns der holländische Entwickler der bahnbrechenden Konstruktion mit begeisterten Worten von deren Vorteilen. Es hat wohl nie funktioniert. Immer wenn wir kamen, war es außer Betrieb, wurden neue Rechner eingebaut und die Fahrzeuge von den gestressten Mitarbeitern in ein Parkhaus in Nähe gebracht. Die Elektronik als Feind des Menschen. Im April 2004 wurde mal wieder versucht, dem Chaos Herr zu werden, im Juli neue Lasersysteme eingebaut. Da funktionierte das Ganze immer noch nicht.

Es bleibt nicht viel Zeit, die Stadt weiter zu ergründen. Die Uhr spielt gegen uns,

Rom ist weit, auch wenn alle Wege dahin führen. So gehen wir einfach der Nase nach, zum Sandtor Kai 32, mitten in der Speicherstadt, ins weltweit einzige Gewürzmuseum. Dort gibt es einen wunderbaren Zimtkaffee und die Erkenntnis, dass Gewürze auch andere Farben haben können, als schwarz und weiß. Dort warten Anja Wossidlow, unzählige Gewürze und etwa 800 Exponate aus fünf Jahrhunderten. Ort der verführerischen Gerüche ist ein alter Lagerspeicher. Ein wahres Erlebnismuseum der olfaktorischen Verführung, aber auch die Erkenntnis, dass Gewürze Medizin sein können, in zu großer Beigabe sich umkehren und gefährlich werden.

Selbst eine aphrodisische Wirkung ist durchaus mit der rechten Mischung zu erreichen. Nicht nur über den Gaumen, sogar beim gemeinsam Bad. Das Museum hat immer wieder schöne Ausstellungen, zum Beispiel unter dem Motto: Omas Küche lebt. Alles darf angefasst, überall daran gerochen und geschmeckt werden. Schnell kommt die Erkenntnis, Gewürze sind alles: Anreißer, Appetitmacher, selbst Medizin. Ein Beispiel dafür ist die Nelke. Ein Hausmittel, wenn der Zahnschmerz dann kommt, wenn er immer kommt, am Wochenende. Ein bis zwei Nelken auf den wehen Zahn, schon beginnt die Linderung.

Ein anderes Wundermittel ist der Zimt. Anja Wossidlow rührt in einem Zimtkaffee und meint: „Zimt ist wirklich ein tolles Mittel. Er beruhigt und nimmt sogar das Hungergefühl!" Sehr wichtig ist auch die Vanille. Sie kommt aus Mexiko. Zu ihr gibt es eine lustige Anekdote. Als die Mexikaner heraus fanden wie wertvoll das Gewürz ist, haben sie schnell die Ausfuhr verboten. Das hielt einen Mann aller-

An den Landungsbrücken

dings nicht davon ab mit seinem Schiff ins Land der Azteken zu eilen und schnell ein paar Pflanzen heimlich zu verladen. Er pflanzte sie an und wartete fünf Jahre. Die Pflanzen bekamen wunderbare Blüten, aber keine Schoten. Es fehlten die passenden Insekten. Also nahm der Mann wieder sein Schiff und fuhr erneut nach Mexiko, sammelte nun einige Insekten. Die setzte er aus, aber sie gingen ein. Was blieb war, dass die Menschen bis heute die Blüten mit der Hand bestäuben müssen. So blieb der Preis hoch, im Moment kostet ein Kilo Vanille etwa 300 Euro.

Wir gehen weiter durch das Museum und schnuppern den Geruch von Curry. Anja klärt uns über einen weit verbreiteten Irrtum auf: „Nur wenige Menschen wissen, dass Curry kein eigenes Gewürz ist. Es ist eine Gewürzmischung, die aus mindesten zehn einzelnen Gewürzen zusammen gemixt wird. Manchmal besteht der Curry sogar aus rund zwanzig verschiedenen Gewürzen. Dazu gehören zum Beispiel die Muskatnuss, Curcuma, Kardamom, Piment, um nur einige zu nennen.“

Dann kommt Anja Wossidlo zurück zum Thema der „belebenden“ Gewürze und Speisen. Wer hätte gedacht, dass selbst ein schnödes Gemüse den Menschen auf die Sprünge helfen kann. Aber Achtung: Anregend sind nur Wurzel- und Würzkräuter. Ganz abträglich einem geselligen Abend bei Kerzenschein an einem trüben Herbsttag sind Salate, wie z.B. Ruccola, Kopfsalat und – wer hätte es als Kind nicht schon geahnt – Spinat. Der wird nicht nur von Kindern an die Wand gespuckt sondern ist auch noch der reinste Liebeskiller. Anja Wossidlow lacht und vermittelt uns die erstaunliche Erkenntnis:

„Insbesondere blähende Gemüse, wie Bohnen oder Erbsen, oder solche, die den Harndrang fördern, sind echte Aphrodisiaka. Und dann nicht zu vergessen: Knoblauch. Der macht zwar einsam, nicht jedoch wenn zwei sich auf ihn stürzen.“ Und sofort hat die Frau der Gewürze auch ein Gegenmittel parat: „Sie nehmen einen Kardamon-Kern, zerkauen ihn, und schon ist der Geruch aus dem Mund verschwunden.“

Wenn alles nichts nützt, selbst der Liebstöckl nicht, dem ja geradezu magische Kräfte nachgesagt werden... „dann hilft nur noch eine mit Gewürzen angebratene Zwiebel, Ei drunter

mischen und in kleinen Häppchen essen. Wenn das auch nicht hilft ist wohl der Gang zur Eheberatung unumgänglich."

Vorher allerdings empfiehlt die Frau aus dem Gewürzhaus ein verführerisches Menü: Das könnte ein „Pesto Ameranta" sein oder vielleicht eine exotische Fischsuppe, in die unter anderen sechs Kardamom-Kapseln und Koriander-Pulver gehören. Wenn Sie das alles nicht wirklich glauben, sollten sie in der Geschichte zurückblättern bis zu den Azteken in Mexiko. Dort wurde als Aphrodisiakum ein Kakao-Getränk geschlürft.

Sie meinen wir hätten den Sellerie vergessen? Mitnichten! Er gehört ja auch zu den harntreibenden Gemüsen. Im erotischen Volksglauben eine wahre Wunderpflanze. Das weiß man auch in Frankreich:

„Si les femmes savaient ce que ce le célerie fait à l'homme, elles irait en chercher de Paris jus-

Das Liebesrezept der alten Azteken

Zutaten:
250 ml Wasser
5 gehäufte TL Kakaopulver (oder mehr)
1 bis 2 TL Zimt
1 bis 2 Messerspitzen Kardamom
1 Messerspitze Nelken
das Innere einer halben Vanilleschote
roter Chilipfeffer (nach Geschmack)
4 bis 6 TL Zucker oder Honig.

Zubereitung:
Zutaten mischen und 5 Minuten kochen lassen. Die Wirkung tritt sofort nach dem Einnehmen ein.

---

qu'a Rome." (Wenn die Frauen wüssten, was Sellerie beim Mann bewirkt, würden sie ihn suchen von Paris bis Rom.)

Kein Hunger und kein Durst? Und doch Wunsch nach einem Abenteuer? Dann empfehlen die Experten aus dem Gewürzmuseum: ein gemeinsames Bad zum Entspannen. Dazu braucht man:
1 TL Muskatnuss
10 TL Teelöffel Rosmarin
5 TL Oregano
10 TL Pfefferminze
4 TL Wachholder
2 TL Gewürznelken

Das Ganze zehn Minuten kochen, dann den Sud durch ein Sieb ins Badewasser geben. Ein bisschen romantische Musik und schon wird die Rente wieder sicherer. Eine Erkenntnis nehmen wir aus dem Gewürzmuseum mit. Nicht alle Liebespflanzen erzeugen Lust auf Knopfdruck. Denn: Erotik ist immer ans Gehirn gekoppelt. Die genannten Tipps sollen das normale Zusammensein aus dem Alltäglichen herausnehmen, einen entspannten und liebevollen Rahmen schaffen. Allerdings eines ist sicher: Zum „Liebeszauber" gehört auch der betörende Duft mancher Pflanzen, die pheromonartig wirken und dadurch im Unterbewusstein Lust schaffen. Und – Sie warten noch auf ein Gegenmittel? Eine anaphrodisische Pflanze? Greifen Sie zur Weinraute – dann ist alles wie immer! Einfach nur öde!

4. Tag
Von Hamburg nach München

Am nächsten Morgen starten wir unsere Deutschland-Etappe. Ein Druck auf den Knopf mit der Aufschrift ‚Power', schon schnurrt der Elektromotor. Zur Verblüffung der Hotelportiers entschwinden wir völlig lautlos, verlassen die Stadt an der Elbe und eilen mitten ins Tief Paloma, das Bayern einen heftigen Wintereinbruch beschert. Wir fahren witterungsangepasst, aber doch so schnell wie möglich. Wieder verblüffen uns die immer noch niedrigen Verbrauchswerte.

In Göttingen verlassen wir die Autobahn und fahren über die Bundesstraße 27 bis nach Bad Sooden Allendorf. Wir fahren an der Häuserzeile Weinreihe zum Rhenanusplatz, auf den der Turm der St. Marienkirche herunterschaut. In diesem Gotteshaus predigte vor 400 Jahren der berühmte Pfarrherr und Salinenbeamte Johann Rhenanus, der mit seiner Salzbibel ein bis heute erhaltenes Geschichtswerk und Fachbuch über das mittelalterliche Soodener Salzwerk geschaffen hat. Durch ein Torgewölbe führt der Weg zum Gradierwerk, dessen Ursprung bis zum Jahr 1638 zurück geht.

Vielleicht geht die Geschichte der Solequelle bis in die Zeit um Christi Geburt zurück. Der berühmte römische Geschichtsschreiber Tacitus berichtet jedenfalls von einem Kampf zwischen Chatten und Hermunduren um Salzquellen an einem Grenzfluss. Der Frankenkönig Karl der Große hat dem Ort Westera mit seinen Salzquellen das Recht auf Markt und Zoll verliehen. Wie die Urkunde berichtet, hat der große Karl dem Kloster Fulda Salzquellen, Pfannen, Salzarbeiter sowie Markt, Tribut und

Das schöne Fachwerk-Ensemble in Bad Sooden-Allendorf

Zoll geschenkt. Dafür musste einmal in der Woche ein Karren Salz ans Kloster geliefert werden. Für die Salzförderung wurden hier erstmals Pferde eingesetzt. Im Wechsel zogen sechs so genannte Brunnenpferde einen Schwengel um den Salzbrunnen. Zeitweise zählte das Soodener Salzwerk zu den bedeutendsten Salinen in Deutschland. In günstigen Jahren wurden bis zu 200.000 Zentner Salz gesiedet und abgesetzt. Fuhrleute und Salzschiffer transportierten das kostbare Gut, im Volksmund auch das weiße Gold genannt in alle Richtungen. Für kleinere Orte, die nur auf unwegsamen Pfaden zu erreichen waren, sorgten Salztreiber und Salzträger für eine geregelte Salzverteilung. Die Pro-Kopf Salzzuteilung wurde persönlich vom Landgrafen festgelegt. Im Jahr 1801 wurde erstmals ein 70 Meter langes und sieben Meter breites Stroh-Gradierwerk errichtet. 1906 wurde zum letzten Mal Salz gesiedet. Damit ging eine fast 2000 Jahre alte Tradition und Epoche der Salzgewinnung zu Ende.

Die Altstadt bietet ein herausragendes, geschlossenes Bild alter Fachwerkbaukunst. Ins Auge fällt dabei das reich verzierte Gebälk der Häuser, die alten Inschriften, die der Stadt eine besondere Note verleihen. Die kleinen Fenster geben der Stadt eine besondere Beschaulichkeit. Der Löwe, ein stolzes Patrizierhaus an der Einmündung der Bahnhofstraße, gilt als eines der schönsten Fachwerkhäuser in Deutschland. Bevor wir die Stadt wieder verlassen, fahren wir noch zum Zimmersbrunnen vor dem Steintor. Hier steht der stattliche Lindenbaum, von dem erzählt wird, dass hier der Lyriker Wilhelm Müller die Verse „Der Lindenbaum" geschrieben hat. Sie wurden von Franz Schubert vertont und in seinen Liederzyklus „Die Winterreise" aufgenommen.

Wir eilen weiter in die alte Bischofsstadt Fulda. Sie liegt reizvoll in einem Talbecken des gleichnamigen Flusses zwischen der Rhön und dem Vogelsberg. Als Bonifatius durch seinen Schüler Sturmius am 12. März 744 den Grundstein zum Kloster Fulda legen ließ, muss die Rhön noch eine Wildnis gewesen sein. In einem Brief an seinen Freund berichtet er:

Es ist ein Waldgebiet da, in einer Einöde von ungeheurer Weltverlassenheit inmitten der Völker unseres Missionsgebietes, in dem wir unser Kloster erbaut und Mönche angesiedelt haben.

Heute, 1.260 Jahre später wohnen rund um das Kloster knapp 60.000 Menschen – von Einöde

und Weltverlassenheit also keine Spur mehr. Wer heute hierher unterwegs ist, erlebt Fulda als eine Stadt zwischen Industrie und Barock – auch wenn Tourismus-Chefin Elisabeth Schrimpf von der Industrie nur ungern hört. In einem wahren Bauboom wurde Fulda in der ersten Hälfte des 18. Jahrhunderts zu einer der prachtvollsten Barockstädte Deutschlands. Brunnen, Gebäude und Denkmäler ziehen sich wie ein roter Faden quer durch die Stadt und machen sie zu einem beliebten Ausflugsziel.

Auch Johann Wolfgang von Goethe machte gerne und oft hier Station. Er übernachtete schon damals im Gasthaus Goldener Karpfen und wurde 1765 hier Stammgast. Er genoss den importierten Frankenwein Davon soll er mit Freunden bis zu sechs Flaschen getrunken haben. Hier hat er wohl auch weite Teile des „Westöstlichen Diwans" geschrieben. Ein Tafel am Haus verkündet das – auch in japanischen Schriftzeichen. Renate Tünsmeier und ihre Schwester Maria sind stolz auf ihren Familienbetrieb. Aus dem Gasthaus von einst ist mittlerweile das Hotel Goldener Karpfen geworden – direkt an der Fußgängerzone Fuldas, dort wo Abend für Abend Bewohner und Besucher der Stadt im sogenannten Bermuda-Dreieck, der Fuldaer Kneipenlandschaft verschwinden. Eine Besonderheit des „Goldenen Karpfens" sind seine Zimmer. Der Top-Designer Rolf Sachs, Sohn des Multimillionärs und „Gesellschaftslöwen" Gunther Sachs, hat sie gestaltet. Filz und Ahorn, matter Granit und glänzendes Metall, sind die bevorzugten Materialien die der Designer verwendet und die inzwischen „in" sind. Die Möbel wirken funktional aber auch künstlerisch, in jedem Fall aber elegant, sind schlichte Schönheiten. Jedes einzelne von Rolf Sachs gestaltete Zimmer ist ein Kunstwerk für sich. Das ergibt eine interessante Symbiose zwischen dem alten romantischen Mauern und modernem Design. Wichtig ist für den Designer vor allem der richtige Einsatz von Licht. Nach seinen Vorstellungen soll es im Raum „schweben". In einem der Zimmer steht die Badewanne direkt neben den Hotelbetten. In einem anderen Zimmer steht ein Gartenzwerg mit einer Laterne auf einem Podest. Er ist auch ein Hinweis auf die blühende Gartenzwergindustrie in Lauterbach im Vogelsberg. Auch der japanischen Lebensart ist eines der Zimmer gewidmet. Nicht nur dort sondern auch in den schönen Tagungsräumen ist fernöstliches Ambiente ein Hinweis auf Ruhe und Ausgeglichenheit. Ausgeführt wurden die Arbeiten durch Fuldaer Handwerksbetriebe, wobei auf Materialien aus der Gegend um Fulda viel Wert gelegt wurde.

Im Angesicht von soviel Lebensqualität erscheint es völlig unverständlich, dass Fulda einmal in der Werbekampagne eines Autovermieters als die deprimierendste Stadt Deutschlands dargestellt wurde. Die Bürger und die Gäste der Stadt scheinen davon nichts zu spüren – ganz im Gegenteil: Man zeigt sich zufrieden und kann mit dem in den Medien verbreiteten Ruf gut umgehen.

Wir lassen die Bischofsstadt Fulda hinter uns. Es schneit schon wieder. Dann fahren wir auf der Autobahn A7 in Richtung Süden passieren das Autobahnkreuz Biebelried und nähern uns der Stadt, die die ganze Welt wie ein Magnet anzieht. Rothenburg ob der Tauber.

Hier reißt der Himmel auf. Die Sonne zeigt sich zögernd. Kein Wunder, wo die Stadt doch fest in der Hand der Menschen aus dem Land der aufgehenden Sonne, Japan, ist. Das hat seinen Grund, denn die Stadt wird zu Recht auch „Kleinod des Mittelalters genannt. Vor allem aber ist sie lebendiges Zeugnis deutscher Vergangenheit. Die Spuren erster Besiedlung gehen bereits auf das Jahr 500 zurück. 1142 errichtete Konrad der III., der erste Staufer, eine Reichsburg. 1274 erhält die Stadt von König Rudolf dem I. den Freiheitsbrief als Freie

Reichsstadt. Der erste heute noch erkennbare Mauerring stammt bereits aus dem 12. Jahrhundert, die äußere noch begehbare Stadtmauer aus der Mitte des 14. Jahrhunderts. Die historisch bedingte Randlage, nahe der bayrisch-württembergischen Grenze, weit ab von den Verkehrströmen, bewahrte Rothenburg vor den städtebaulichen Veränderungen des 19. Jahrhunderts. So bietet die geschichtsträchtige Stadt heute noch eine überraschende Fülle an Sehenswürdigkeiten und Kunstschätzen.

Fasziniert sind die Besucher vor allem von der Schönheit des Stadtbildes. Einen ersten Eindruck der Stadt bekommt man bei einem Spaziergang auf dem Wehrgang, der im 13. und 14. Jahrhundert errichteten Stadtmauer. Wer nur eine Teilstrecke absolvieren möchte, sollte sich zuerst den südlichen Abschnitt der Stadtmauer vornehmen. Mehr als 400.000 Übernachtungsgäste und etwa 2,5 Millionen Tagesgäste werden in jedem Jahr von der malerischen Stadt angelockt. Davon sind die Hälfte ausländische Touristen, vor allem Japaner und Amerikaner. Das stolze Rathaus, das als eines der schönsten in ganz Süddeutschland gilt, die hochragenden Türme und die starken Mauern, die Vielzahl der Patrizierhäuser und die Kirchen geben ein Zeugnis der machtvollen, reichsstädtischen Vergangenheit.

Die Straßengabelung am Plönlein, am Ende der Unteren Schmiedgasse, ist einer der malerischsten Orte der Stadt. Sieben Tore, eine Zugbrücke und der doppelte Wallgang machen das Stadttor zu einem Bollwerk der Wehrhaftigkeit. Es sind nicht nur die Museen, die die Stadt so reizvoll machen. Rothenburg ist in seiner ganzen Einheit ein Museum. Im mittelalterlichen Kriminalmuseum wird auf besonders eindrucksvolle Art demonstriert, unter welchen rechtlichen Verhältnissen die Menschen früher lebten. Das Puppen- und Spielzeugmuseum bietet die größte private Sammlung dieser Art in Deutschland. Die Vergangenheit und Tradition der Stadt lässt Rothenburg in jedem Jahr mit dem historischen Schäfertanz und den Hans-Sachs-Spielen aufleben.

Wir rollen in die geschichtsträchtige Stadt und sind sofort von Menschen umringt. Die japanischen Besucher betrachten unsere beiden Toyota Prius nicht ohne Stolz. Selbst vom Pferdewagen mit den beiden kräftigen Pferden wird heftig diskutiert und bewundert. Ein Gitarrenspieler unterbricht sofort sein Spiel, stellt sich neben den Prius und spielt weiter. Am Teddy-Spezialgeschäft blickt der Riesen-

*Der Bonifatiusdom
in Fulda*

*Der Goldene Karpfen in
Fulda. Hier weilte schon
Goethe als Gast*

teddy mit Wohlgefallen auf das umweltfreundliche Auto. „Willkommen auch im Teddyland" scheint sein Blick auszudrücken. In Rothenburg ist 365 Tage im Jahr Weihnachten. Dafür sorgt nicht zuletzt das Weihnachtsdorf von Käthe Wohlfahrt. Hier werden ganzjährig Weihnachtsträume wahr. Besonders idyllisch wird es hier zur Adventszeit. Auf 1500 Quadratmetern ist Weihnachten pur angesagt. Wir gehen ins Weihnachtsdorf und besuchen den ganzjährigen „Christkindlmarkt". Begrüßt werden wir von zwei riesigen Nussknackern. Innen befindet sich eine Nachbildung eines verschneiten, fränkischen Marktplatzes. In seiner Mitte steht ein fünf Meter hoher, weißer Weihnachtsbaum, der sich langsam dreht. Beleuchtet ist er von 7.240 Lämpchen deren Licht sich auch in den mehr als 1000 Kugeln wiederspiegelt. Der Nussknackerkönig mit dem schönen Namen Christian II., immerhin rund 3.80 Meter groß, ist als Wächter des Weihnachtsdorfes eingesetzt. Die stattliche 5,50 Meter hohe Weihnachtspyramide wiegt rund zwei Tonnen. Insgesamt wurden für die Dekoration 4.000 Meter Tannengirlanden und 80.000 Christbaumlämpchen verwendet. Die Auswahl im Weihnachtsdorf ist inzwi-

Auf den Spuren von Dichtern und Denkern

Trotz Pisa-Studie: Deutschland hat in der ganzen Welt immer noch den Titel „Land der Dichter und Denker".

Wortgewaltige Schriftsteller und mitreißende Komponisten, begnadete Maler und geniale Architekten, Visionäre und kluge Köpfe, Dichter und Denker haben über Jahrhunderte dieses Land geprägt und voran gebracht.

Ob Goethe, Schiller, Lessing, Hölderlin oder Heinrich und Thomas Mann – diese Namen sind heute noch Meilensteine der Literatur. Gelesen in aller Welt, da sie oft von Gedanken zeugten, die ihrer Zeit weit voraus waren und Idealisten in aller Welt als Vorbild dienten. Manchmal aber auch – wie zum Beispiel bei Berthold Brecht, wurden sie von falschen Verführern missbraucht.

Auch Musikgeschichte wurde über Jahrhunderte in Deutschland geschrieben: von Haydn über Händel, Beethoven, Mozart, Bach, Schubert und Wagner sind längst nicht alle Komponisten aufgezählt, deren Namen in aller Welt bekannt sind. Unvergessen sind allerdings auch diejenigen Denker, die nicht im künstlerischen Bereich tätig waren, sondern die Menschheit mit ihren Erfindungen oder Ideen entweder beglückten oder erschreckten, zum Beispiel Einstein, Hahn, Benz, von Braun, Siemens, Miele, Rathenau und viele andere Erfinder, Ingenieure oder Unternehmer.

Fast jede größere Stadt in Deutschland hat ihre Dichter und Denker, die dort geboren wurden oder gewirkt haben. Manchmal sind diese Informationen an solch historischen Orten viel inspirierender als die schönsten Sehenswürdigkeiten, mit denen um Touristen gebuhlt wird.

Das Weihnachtsdorf als ganzjährige Attraktion in Rothenburg

Rechts:
Auf dem Weg nach Rothenburg warten Bildmotive wie die Schwarze Madonna

schen weltbekannt. Filialen wurden in Oberammergau und in anderen Städten Deutschlands eröffnet. Wilhelm Wohlfahrt, 1928 als Sohn eines Bauern im Vogtland geboren, flüchtete 1956 mit seiner Frau aus der DDR nach Süddeutschland. Dort begann die Geschichte der weltweit größten Weihnachtsausstellung. Im Jahr 2000 erfüllte sich Sohn Harald Wohlfahrt einen lange gehegten Wunsch. Mit der Hilfe eines extra angereisten Weihnachtsmanns, dem Christkind und vielen Engeln wurde das Deutsche Weihnachtsmuseum, die erste Dauerausstellung zur Geschichte deutscher Weihnachtstraditionen eröffnet. Auf über 250 Quadratmetern, im ersten Stock des Weihnachtsmuseums, erfahren die Besucher anhand von Tausenden von Exponaten in zweiundvierzig Vitrinen, wie unsere Vorfahren Weihnachten gefeiert haben.

Vom Weihnachtsmann in Rovaniemi zur Weihnachtsausstellung in Rothenburg – nicht etwa mit dem Schlitten des heiligen Mannes sondern umweltbewusst mit dem eiligen Prius hat inzwischen fast symbolischen Charakter für uns. Weihnachtlich gestimmt eilen wir weiter nach Süden. Das passt gut, denn es hat wieder

begonnen, stark zu schneien. Die Wettervorhersage aus dem Radio hatte alle Grauen des Winters vorhergesagt. Die Verkehrsnachrichten dauern inzwischen länger als die Weltnachrichten. Kilometerlange Staus warten auf uns, vor allem im Bereich zwischen Würzburg und Ulm. Im tief verschneiten Landsberg am Lech rollen wir ins Testzentrum des ADAC. Dort hört Toyota-Ingenieur Peter Wandt zum ersten Mal vom Ergebnis des aktuellen ADAC-Ökotest: Der Prius auf Platz 1!

Alle Untersuchungen ergeben das gleiche Bild. Beide Prius sind in bester Verfassung. Die Messergebnisse stimmen mit den von uns gesammelten Erfahrungen überein. Inzwischen ist das Schneetreiben immer dichter geworden. Die Schneeflocken tanzen vor unseren Scheiben. Wir fahren wie durch einen dichten weißen Vorhang, natürlich mit dem elektrischen Modus – so lautlos wie der Schnee zu Boden fällt.

Dann erreichen wir München und verfahren uns erst einmal. Alle vier Fahrzeuge sind plötzlich verschwunden. Marc und ich versuchen mit starrem Blick den dichten Schneefall zu durchdringen. Marc ist ein computergläubiger Mensch und blickt auf das Navigations-Display, ich blicke aus dem Fenster. Nach Meinung des Navis sollen wir weiter geradeaus fahren. Ich bin mir darüber im klaren: Das führt uns ins Nichts! Aber Marc, Mitglied der Computer-Generation, der vermutlich erahnt, dass wir dann tatsächlich falsch fahren, glaubt der Stimme, die immer noch behauptet: „Geradeaus". Es ist wie bei der Wettervorhersage. Würden doch die Meteorologen mehr aus dem Fenster schauen und nicht so sehr dem Computer glauben, wäre manches vielleicht etwas präziser. Wir nähern uns einer Ampelanlage. Die Stimme des Navis sagt „Rechts". Meine Erinnerung – immerhin bin ich in München groß geworden – sagt allerdings links. Immer noch versuche ich nicht nur per

Erinnerung zu navigieren, sondern gleichzeitig zu telefonieren, denn es fehlen uns die anderen drei Fahrzeuge, die irgendwo in der deutschen Ausgabe eines Blizzard verschollen sind. Das macht Marc sauer und wir haben zum ersten Mal richtig Stress im Auto: Um es gleich vorweg zu nehmen: Weder das Navi noch ich hatten recht: Es ging weder nach rechts noch nach links, wir hätten einfach umkehren müssen. Irgendwann sind wir dann doch im Hilton Tucherpark in München angekommen. Im noch immer dichten Schneetreiben hält eine Amerikanerin den Prius der Autobild-Kollegen für ein Taxi und steigt samt Gepäck auf den hinteren Sitz. Vielleicht gibt es ja bald umweltfreundliche Taxis mit Hybrid-Antrieb?

München bei Nacht

5. Tag
Von München nach Verona

Die ganze Nacht lang hat es geschneit. Die Fahrt in Richtung Innsbruck gestaltet sich schwierig, aber die beiden Prius zeigen erneut ihre Wintertauglichkeit: Die Traktionskontrolle hilft uns den Irschenberg hinauf. Viele der schweren LKW sind am Berg hängen geblieben. Kurz vor der österreichischen Grenze hört der Schneefall abrupt auf. Die Landschaft ist braun. In Innsbruck verlassen wir die Autobahn und fahren in die Innenstadt. Dort werden wir am berühmten „Goldenen Dachl", da wo schon Kaiser Maximilian seine Stadtresidenz hatte, von Tourismuschef Fritz Kraft begrüßt. Ein ganzer Tross Journalisten zeigt, dass auch in Österreich die Diskussion über den Toyota Prius inzwischen heiß geführt wird. Das zeigen besonders die Verkaufserfolge. Auch in Österreich kann die Nachfrage kaum befriedigt werden. Die Lieferzeit beträgt inzwischen 10 Monate.

Endlich einmal gibt es Frühstück. Wir sitzen im obersten Stock eines Cafes und diskutieren mit den Journalisten über die Qualitäten der beiden Prius.

Wir beschließen, nicht über die Autobahn den Brenner hinaufzueilen, sondern die Brenner-Staatsstraße zu benutzen. Vor den erstaunten Augen der italienischen Zöllner überqueren wir gleich mehrfach die italienische Grenze. Was tut man nicht alles für ein sympathisches Fernsehteam. Das wurde inzwischen noch verstärkt. In München sind Frank Witter und Guido Holz zu uns gestoßen. Beide sind erfahrene Autofilmer und Tester.

Kaum sind wir den Brenner hinabgerollt, bricht der Frühling aus. Die Temperaturanzeige steigt auf 17 Grad, wir rollen weiter auf der Autobahn.

In Rovereto Süd verlassen wir die Autobahn und fahren in Richtung Gardasee. Dort strahlt die Sonne. Wir erreichen Torbole. Hier fand Goethes erste Begegnung mit Italien statt. Für die Erwähnung in der „Italienischen Reise" dankte der Ort dem Dichterfürsten mit einer Erinnerungstafel. Auf der Piazza Vittorio Vene-

to, am grünen Haus Nummer Zwei kann man nachlesen was Goethe hier am 12. September 1789 aufschrieb: Heute habe ich an der Iphigenie gearbeitet, es ist im Angesicht des Sees gut von statten gegangen.

Die Landschaft hat sich seitdem kaum verändert – wohl aber das Publikum. Heute reisen Wassersportler zu Heerscharen in das Surferparadies. An warmen Tagen könnte man den See wegen der Vielzahl der Schiffe fast trockenen Fußes überqueren. Südlich von Torbole rückt der Monte Baldo dicht an den See. Um die Uferstrasse Gardesana Orientale bauen zu können, mussten daher mehrere Tunnel errichtet werden. Nach etwa 10 Kilometern fällt der Blick auf die hübsche Rocca von Malcesine. Vielleicht war Malcesine schon prähistorisch und etruskisch besiedelt. Grabfunde auf dem Hügel an der Festung weisen zumindest darauf hin. Erst um das Jahr 568 wird die erste Burg gebaut, die bereits 590 durch die Franken zerstört wird. Mit dem Zerfall des Frankenreichs gehen Burg und Ort an den Bischof von Verona über, denen dann die Scaliger folgen. Der deutlichste Einfluss allerdings kam von den Venezianern. Später ereilte Malcesine dann das Schicksal des gesamten venetischen Gardasee-Ufers. Von 1798 bis 1868 wurde es zunächst Österreich, dann Italien zugeschlagen.

Malcesine hat sich trotz des touristischen Rummels seinen mittelalterlichen Charakter bewahrt. Die Häuser sind gepflegt, die Gassen mit Steinpflaster belegt. Sehenswert ist die auf einem steilen Felsen sitzende Scaliger-Burg, die Rocca oder das Castello Scaligero.

Für Johann Wolfgang von Goethe fand hier das erste Abenteuer seiner Italienreise statt. Der Geheimrat wurde gefangengenommen und als Spion verdächtigt. Man beschuldigte ihn, Pläne von der Festung gezeichnet zu haben. Seine Schilderung des Geschehens am 13. September 1786 in der ‚Großitalienischen Reise' klingt reichlich dramatisch.

Hier in Malcesine beginnt das geologisch interessante Val di Sogno, das Tal der Träume.

Marc ist der absolute Fan guten Olivenöls und: Er weiß, was er hier zu kaufen hat. Der Gardasee ist wohl das nördlichste Oliven-Anbaugebiet der Welt. Für die Bauern stellt das Öl ein wichtiges Exportgut dar. Der Anbau geht weit zurück. Schon die

Römer, die die ersten waren, die Oliven hier angebaut hatten, schätzen deren guten Geschmack und wussten über die gesundheitsfördernden Eigenschaften. Schon aus dem 9. Jahrhundert gibt es Hinweise auf die Bedeutung des Olivenöls in Garda und Assenza. Im 12. Jahrhundert hatten die Veroneser ein Gesetz zur Kontrolle von Olivenherstellung und Handel erlassen. Um die Bäume anpflanzen zu können, wurden ganze Wälder gerodet, Terrassen angelegt und der Boden bis zu zwei Metern tief von Steinen befreit.

Den Ölproduzenten wurden gewaltige Steuern auferlegt. Fast erinnert die Besteuerung an den Handel von Treibstoffen heute – über die Hälfte des damals erzielten Verkaufspreises mussten als Steuern abgeführt werden. Die Folge war ein blühender Schmuggel. Der wurde im Schutze der Nacht mit Booten nach Riva del Garda und weiter über Landwege bis zum Markt von Bozen betrieben. 1745 versuchten die Venezianer, den Schmuggel einzu-

dämmen und ordneten ein Minimum an Produktion an, das versteuert werden musste. Daraufhin gaben viele Landwirte die Ölbaumkultur auf. Wer allerdings dabei ertappt wurde, dass er einen Olivenbaum fällte, musste 18 Tage in den Kerker und 25 Dukaten Strafe bezahlen.

Marc weiß, was er kauft, denn das Olivenöl des Gardasees wird wegen seiner Armut an Säure geschätzt. Es ist aromatisch und vitaminreich und dank seiner Vorbeugung von Herz- und Kreislauferkrankungen sehr begehrt.

Olivenbäume haben ein langes Leben: Sie können 300 bis 400 Jahre alt werden, manchmal sogar noch älter.

Unsere beiden Prius rollen weiter nach Süden. Wir erreichen Torri del Benaco und treffen auf prächtige Olivenbäume, die rund um den kleinen Hafen wachsen. Mit der kleinen Altstadt und seinen sauberen Gassen übt der Ort einen besonderen Zauber aus.

Unter der Herrschaft Venedigs war Torri im 15. und 16. Jahrhundert das Zentrum der Marmor-Verarbeitung. Im 16. Jahrhundert erhielt der Ort mit neun weiteren Seegemeinden am Ostufer eine weitgehende Autonomie.

Obwohl die Innenstadt eigentlich nicht befahren werden darf, haben wir die außerordentli-

Auf dem Weg zum Gardasee

Das malerische Nordufer des Gardasees

Torbole am Nordufer des Gardasees

che Kulisse für einige Bilder mit unseren Prius genutzt. Auch die Scaliger-Burg war ein willkommener Hintergrund.

Von hier aus fahren wir zum ‚schönsten Ort der Welt', San Vigilio, wie ihn der Humanist Claudio Brenzone beschrieben hat. Man überblickt nahezu den ganzen See: Links das südliche Ufer mit dem Felsen von Manerba, rechts hinter der Insel Garda der Golf von Saló, sowie Gardone und Maderno.

Arnold Böcklin hat sie angeblich in seinem Bild ‚Die Toteninsel' fest gehalten. Aber: Nachweislich war er niemals hier, am schönsten Winkel des Gardasees.

Vom Parkplatz aus fahren wir über eine herrliche Allee von uralten Zypressen zur Villa San Vigilio, einem herrschaftlichen Besitz, umgeben von einem Park mit großem Gewächshaus, in dem Zitronen und Apfelsinen gedeihen.

Fast könnte man ihn übersehen – den schönsten Ort der Welt, wie ihn auch der Dichter D'Annunzio bezeichnete. Der Kanoniker Marai schrieb gegen Ende des 18. Jahrhunderts über diesen Platz:

„An jenem Ort kennt man weder den trüben Dezember, noch den grausigen Februar. Der Lorbeer, die Myrthe, die Orangen und die Aloe gedeihen ganz von alleine. Der Palast, der auf dem Gipfel des Vorgebirges errichtet wurde, ist ein Werk von San Micheli. Er hat oben eine Loggia, von der aus man rings umher alle Herrlichkeiten überschauen kann. Vielleicht gab es in den berühmtesten Orten des antiken Griechenlands oder Italiens keine Aussichten von größerer Heiterkeit als diese".

Wenn man durch einen Torbogen geht, gelangt man zu dem kleinen Hafen, der die Locanda mit der antiken Taverna verbindet.

Viele Persönlichkeiten wurden von der Schönheit dieses Ortes angezogen. Zu ihnen gehörten: Marie-Louise, die Gemahlin Napoleons I., Zar Alexander III., Winston Churchill und der Schauspieler Lawrence Olivier. Der saß hier von den meisten unerkannt am Rande des kleinen Hafens.

1986 kam auch Prinz Charles von England, ein paar Jahre später Juan Carlos von Spanien.

San Vigilio zu besuchen lohnt das ganze Jahr, und doch zeigt es sich gerade im Frühjahr von besonderer Schönheit.

Zu diesem Zeitraum spielt auch eine heitere Geschichte, die sich vor mehr als 30 Jahren am kleinen Hafen ereignet hat. Dauergast war damals ein bekannter Frankfurter Rechtsanwalt.

Er war von der Schönheit des Ortes so überzeugt, dass er gleich mehrmals im Jahr die weite Fahrt von Frankfurt zum Gardasee auf sich nahm. Dann saß er im kleinen Schutzhafen von San Vigilio, schaute in die Sonne und trank guten Wein. Besonders freute er sich, wenn andere Gäste mit ihm gemeinsam den Becher hoben und den wunderbaren Ort genossen. Der Frankfurter Jurist war kein Freund des Fernsehens oder des Kinos. Berühmte Menschen aus Film und Fernsehen waren ihm ziemlich einerlei und vor allem unbekannt. Nur so konnte es geschehen, dass er die Frau, die mit ihrer Mutter am kleinen Hafen saß, nicht erkannte.

Ihr Bekanntheitsgrad war global, sie war ein Weltstar, hatte als Schauspielerin mit ihren Filmen weltweit die Menschen begeistert.

Bald stand die beste Flasche des Hauses vor ihnen, es sollte nicht die einzige bleiben. Es wurde ein lustiger Nachmittag, der sich bis lange in den Abend hineinzog. Als das Lokal seine Pforten schloss, entstand der Plan den Abend in den Hotelräumen der Frau fortzusetzen. Ein offensichtlich reichlich lautstarkes Unternehmen. Wohl zu laut, denn irgendwann klopfte die italienische Polizei in Gestalt von zwei Carabinieri heftig an der Tür. Das Hotel hatte sie gerufen, nachdem sich Gäste beschwert hatten.

Für den Frankfurter Anwalt, der ein Hotelzimmer im nahe gelegenen Garda hatte, ein empörender, nicht akzeptabler Umstand. Er beschloss sein Auto zu holen und mit der Frau sofort das Hotel zu verlassen.

Als er auf San Vigilio zufuhr, kam sie ihm bereits auf der Straße mit ihrem Koffer entgegen – bekleidet mit einem langen Nachthemd und einem Bademantel. Gemeinsam bezog man das Hotel Garda in Garda.

Am darauf folgenden Tag und Abend, bei weiteren guten Flaschen italienischen Weins, fiel dem Frankfurter Advokaten auf, dass sehr viele Menschen die Frau an seinem Tisch anstarrten. Es dauerte eine Weile bis ihm klar wurde, wer da mit ihm fröhlich in der Trattoria feierte.

Vivien Leigh, die wunderbare Scarlett O'Hara aus dem Film ‚Vom Winde verweht' verbrachte noch viele schöne Tage mit ihm zusammen am Gardasee. Es entstand eine Freundschaft, die noch viele Jahr andauern sollte.

San Vigilio blickt auf eine lange Geschichte zurück. Der Philosoph und Rechtsgelehrte Agostino Brenzoni ließ um 1500 von dem berühmten Architekten Michele San Micheli

eine Villa errichten, um ein Leben in Schönheit und Einsamkeit zu führen. Sie steht in einem Garten voller Skulpturen mit von ihm selbst verfassten Inschriften, die ein Leben in Einsamkeit besingen. Der Einweihung seines Hauses im Jahre 1540 widmete er das Bibelzitat:

„Sub Umbra alarum tuarum" – Unter dem Schutz deiner Flügel.

Wer den Zauber von San Vigilio selbst erleben möchte, kann in der Locanda mit ihren sieben Doppelzimmern, dem kleinen Restaurant mit Garten direkt am See liegend, übernachten. Romantische Sonnenuntergänge und der immer schöne Blick über den See, sind eine kostenlose Dreingabe.

Am Abend fahren wir weiter nach Sirmione am Südende des Sees.

„Perle des Gardasees", „Geliebte des Catull", Beinamen die die Stadt trotz des Tourismusrummels zu Recht trägt.

Rund 3,5 Km reicht der Ort auf seiner schmalen Halbinsel in den See. Das Stadtbild mit seinen mittelalterlichen Steinhäusern wird von der trutzigen Scaligerburg bestimmt. Die Wasserburg befindet sich im südöstlichen Teil der Insel, nur durch zwei Zugbrücken mit der Restinsel verbunden.

Eigentlich ist die Stadt für den Straßenverkehr gesperrt. Nur einige Einwohner mit Sondergenehmigung dürfen über die schmale Brücke in das mittelalterliche Ensemble einfahren.

Die Genehmigung der Polizei, in die Stadt hineinzufahren, haben wir nur erhalten, weil der Prius auch hier bereits als außerordentlich umweltfreundlich bekannt ist.

„Aber", so meint die Polizistin an der Schranke augenzwinkernd in gebrochenem Deutsch: „Bitte nicht vergessen, uns Bilder zu schicken..." und reicht uns eine Visitenkarte.

Es war eigentlich schon zu spät um dort Fotos zu machen, Wir hatten uns zu lange vom Zauber San Vigilios einfangen lassen.

Im Abendlicht rollen wir durch die Schranke und sind sofort vom Kern der Altstadt gefesselt.

Schnell sind wir von viele Menschen umrundet. Auch hier ist das System Hybrid, eingepackt in sein hübsches Kleid, längst bekannt. Besonders begeistert sich eine Gruppe junger Leute, die mit ihrem Lehrer auf einem Tagesausflug sind.

Wer die Burg in Sirmione heute betritt, schreitet durch das mit Wappen geschmückte Tor der doppelten, mit zwei Wachtürmen abgegrenzten, Westmauer.

Castello di Brenzone

Auch hier treffen wir wieder auf die alten Olivenbäume, die zwischen dem historischen Altstadtkern und den Grotten des Catull auf dem Malvino-Hügel gedeihen.

Sirmione bietet alles, Wohnort für viele Menschen, aber auch ein Kurort für Ohren-, Lungen- und Hautkrankheiten. Mit einer Therme, die aus der Boiola-Quelle gespeist wird, genießt der Ort weltweit Anerkennung.

Besungen wurde der Ort von dem römischen Dichter Gaius Valerius Catullus. Er hielt sich gerne auf dem Landsitz seiner Familie auf und hat dort die folgenden Worte gedichtet.

„Oh herrliches Sirmione, Perle der Halbinseln und Inseln !"

Im 13. Jahrhundert wurde Sirmione von den Scaligern übernommen. Sie bauten die römischen Befestigungen um. Der Osthafen wurde die Scaligerburg, der heutige große Platz, die Piazza Carducci war einst der Westhafen. Beide Anlagen stammen ursprünglich schon von den Römern. Wer hier Stille sucht, kann sie finden. Es ist die Kirche San Piedro in Mavino, ein kunsthistorisches Schmuckstück Sirmiones.

Vom Denkmalsamt der Lombardei wurde sie zum Gesamtkunstwerk erklärt. Man kommt zu ihr, wenn man gegenüber der Villa Cortina nach links abbiegt und hoch auf den Mavino-

Hügel geht. Dabei passiert man eine gelb gestrichene Villa, die einst der berühmten Opernsängerin Maria Callas gehörte. Im Sommer empfiehlt es sich Sirmione nach Möglichkeit meiden.

Dann müsste eigentlich draußen ein Schild hängen:

„Wegen Überfüllung geschlossen!"

Wir fahren noch immer durch die Altstadt, sind vom Zauber Sirmiones begeistert. Wir liegen fotografierend auf der Erde, stellen unsere beiden Prius in Torbögen und können uns kaum von der schönen Stadt am Gardasee trennen.

Als wir am späten Abend Verona erreichen, teilt sich unsere Gruppe auf vier verschiedene Hotels auf. Verona beherbergt gerade eine Wein- und Spirituosenmesse. Alle Hotels sind überbelegt. Zwei Mitglieder unserer Gruppe werden an den Stadtrand verbannt. Ihre Hotelreservierung war schlicht verloren gegangen.

Weltberühmt ist Verona durch seine Opernfestspiele, die in jedem Jahr in den Monaten Juli und August in der Arena von Verona, dem riesigen römischen Amphitheater, mitten in der Stadt veranstaltet werden.

Hat man das Glück eine der Opernkarten zu erhaschen, wartet ein besonderer Kunstgenuss. Die Akustik in der Arena ist so hervorragend, dass man selbst auf den oberen Rängen jedes Wort versteht.

Wanderer, kommst Du nach Verona, vergiss Deine Kreditkarte nicht!

Verona ist eine elegante Mode- und Schuhstadt.

Aber: Die Stadt ist auch ein Ort der tragischen Liebe: Obwohl es schon über 700 Jahre her ist, bleibt die junge, leidenschaftliche Liebe zwischen Romeo und Julia unvergessen.

Ein Muss für alle Verliebten.

Zeichen von der Größe der Gefühle.

William Shakespeare, der das Drama als Fünfakter in Vers und Prosa 1597 veröffentlichte, hat die Geschichte weltberühmt gemacht. Was davon wirklich wahr ist?

Wer weiß das schon.?

Und wirklich wichtig ist es wohl auch nicht.

Die Geschichte dieser Liebe ist eben unvergänglich. Historisch gesichert ist, dass die Familien Montecchi und Cappulletti zu Beginn des 14. Jahrhunderts in Verona lebten und völlig miteinander verfeindet waren. In Shakespeares Version des Dramas lässt die Fehde zwischen den vornehmen Veroneser Familien Montague und Capulet die Liebe zwischen Romeo und Julia scheitern.

Wer sich heute in Richtung des berühmten Balkons bewegt, muss sich zuerst einmal durch eine Ansammlung von Kitsch bewegen, der die Liebe zu Geld verwandelt.

Wer dann den „Baci di Julietta" und den „Baci di Romeo" zum Opfer fällt, wird weniger an Gefühl, als vielmehr an Gewicht zunehmen.

Die Baci – (Küsse aus Schokolade) – sind ein Konfekt.

Wer den Hof des Pallazzo Cappuletti erreicht, steht vor der Bronzestatue von Julia. Von hier aus geht der Blick auf den Balkon, wo die schwärmerischen Worte:

„Doch still, was schimmert durch das Fenster dort? Es ist der Osten und Julia die Sonne!," geflüstert wurden.

Im Haus des Romeo in der Via Arche Scaligere 4 findet man seine Worte auf einer Tafel geschrieben:

„Ach, ich verlor mich selbst; ich bin nicht Romeo. Der ist nicht hier: Er ist – ich weiß nicht wo."

Dem jungen Romeo und der gerade 14-jährigen Julia waren nur vier Tage ihrer Leidenschaft vergönnt.

Bleibt die unromantische Frage: Hätte die Liebe auch standgehalten, wenn der kurze Traum in den Alltag übergegangen wäre?

Die Zimmer des Hotel Due Torri erinnern an die Zeit von Romeo und Julia. Alles ist rot, blutrot wie die Liebe.

Die Folge war ein unruhiger Schlaf.

Unsere beiden Prius dürfen nicht in der Nähe des romantischen Hauses verweilen. Sie werden an einen anderen Ort verbracht. Von unserer Unruhe begleitet, denn Teile der Fernsehausrüstung konnten nicht ausgeladen werden. Auch das hat unseren Schlaf nicht gefördert.

Die Scaligerburg in Sirmione

6. Tag
Von Verona nach Rom

Am nächsten Morgen regnet es. Verona im Regen – das ist wie Trauer um Romeo und Julia, nur viel wirklicher.

Wir machen die morgendliche Bekanntschaft mit der italienischer Verkehrsmentalität. Die setzt physikalische Gesetze wie ,Wo ein Körper ist, kann kein anderer sein' locker außer Kraft. Die Veroneser sind auf dem Weg zur Arbeit – alle mit dem Auto oder mit vielen Zweirädern. Unsere Rundfahrt bringt uns – und das ist völlig unvermeidlich – zum „Salon der Stadt", dem Piazza die Signori. Er ist von Palästen umgeben. Die Straßendurchgänge zum Platz werden von großen Bögen überspannt. Vermutlich schon im Jahr 1000 war hier das Verwaltungs- und Regierungsviertel Veronas. In der Mitte des Platzes steht ein Dante-Denkmal. Es erinnert daran, dass die Scaliger 1301 den Poeten, der aus Florenz vertrieben worden war, an ihrem Hof willkommen hießen.

Die Residenz der Scaliger war der düstere Palazzo dei Tribunali. Von hier aus kämpfen wir uns auf verschlungenen Wegen zum Dom durch.

Von außen wirkt das Gebäude wie eine romanische Basilika. Das Hauptportal ist reich geschmückt und mit einem Werk des Maestro Nicolo versehen.

Östlich des Doms führt die Ponte Garribaldi ans linke Ufer der Etsch. Diese nach dem Zweiten Weltkrieg wieder aufgebaute Brücke war schon zu römischen Zeiten die Verbindung der Stadt zur Festung und dem Theater am anderen Ufer.

Verona

Mit dem festen Entschluss, Verona mit etwas weniger Zeitdruck bald wieder zu besuchen, eilen wir aus der Stadt, fahren auf die Autobahn auf und machen eine typisch italienische Erfahrung: „Sciopero – Streik!"

Im Land wo die Zitronen blühen, herrscht Generalstreik.

Auch an den Zahlstellen der Autobahn!

Unsere vier Fahrzeuge brausen durch die offenen Schranken.

Na bitte, geht doch! Ganz ohne Geld !

Irgendwann müssen wir auf der Strecke nach Rom tanken – auch die beiden Prius, die sich im Spritkonsum weiterhin vornehm zurückhalten.

Vor der Tankstelle hat sich ein biblischer Stau aufgebaut. Zentimeterweise rücken wir vorwärts. Als wir endlich die Zapfsäule erreichen ist „Schluss mit lustig":

Die Tankwarte drehen sich um und verlassen die Stätte. Auch sie sind in den Generalstreik getreten.

Nur die kleine Tankstelle neben der Autobahn mit dem fröhlichen, ganz streikfreien Italiener verhindert später das vorzeitige Ende unserer „Tour de Rom".

An Modena und Bologna vorbei fahren wir nach Florenz, die Hauptstadt der Toskana.

Preußens berühmter Baumeister und Maler Karl Friedrich Schinkel hat über seinen Aufenthalt in Florenz die Worte niedergeschrieben:

„Je mehr man sich Florenz nähert, je abwechselnder wird die Gegend, Paläste, von Zypressen und Piniengruppen umgeben, krönen die Gipfel der Berge, ein schönes Tal aus Villen und Städten bietet die reichsten Aussichten. Die Zahl der Landhäuser nimmt immer mehr zu, schöne Gärten an den Abhängen der Berge, reiche Weinpflanzungen in den Tälern künden die Nähe von Florenz."

Der Legende nach hat Cäsar die Stadt um 60 vor Christus gegründet. Bis heute sind die Einwohner stolz darauf, in der direkten Nachfolge des römischen Reiches zu stehen.

Wo soll man in der weltberühmten Stadt mit ihrer ruhmvollen Geschichte, dem Reichtum an Kunstdenkmälern anfangen, wenn man am selben Tag noch weiter nach Rom fahren muss?.

Wir beschließen, dem Fluss Arno zu folgen, an dessen beiden Seiten sich die Stadt erstreckt.

Florenz – eine der schön-sten Städte der Welt

Vom weißen Schnee des hohen Nordens zur Frühlingsblüte Italiens

Der Traum des Südens
ist auch ein Traum des
Lichts

Vorbei an Modena

In Italien allgegenwärtig: Roller, die sich durch den Verkehr schlängeln

Florenz, das ist eine Verbindung der Macht des Mittelalters und der klassischen Heiterkeit der Renaissance.

Die Stadt ist seit Jahrhunderten Mittelpunkt der italienischen Kunst und Kultur. Berühmte Namen von Dante bis Macchiavelli, von Giotto bis Brunelleschi, von Masaccio bis Donatello, von Leonardo da Vinci bis Michelangelo bestimmen die Bedeutung der Stadt.

Ein paar Schritte vom Dom entfernt liegt das Geburtshaus Dantes.

Von dem großen Dichter ist allerdings nicht nachgewiesen, dass er hier auch gelebt hat.

Die Bauwerke und die Kunstschätze, Museen und Galerien führen durch alle Zeitepochen seit dem Mittelalter.

Viele Menschen empfinden Florenz als eine der schönsten Städte der Welt.

Aber man weiß hier auch, was man wert ist. Die Stadt zählt zu einer der teuersten Italiens. Zwischen 1434 und 1737 regierten die Medici, reiche Kaufleute und Bankiers die Stadt. Allerdings wurde ihre Herrschaft für kurze Zeitabstände unterbrochen. So wurden sie zum Beispiel 1494 verjagt. Die Stadt blieb bis 1512 republikanisch. Während dieser Zeit wurde das Schicksal mehrere Jahre lang von dem Reformer Savonarola bestimmt. Der wurde vom Volk zuerst vergöttert, dann aber 1498 auf der Piazza dei Signora gehenkt und verbrannt.

Florenz trägt zu Recht auch den Beinamen „La Bella", die Schöne.

Keine Stadt Italiens vereint den Begriff „dolce fa niente" und Kunstgenuss so vollkommen, wie diese Stadt, in der Reichtum und Macht, Geist und Fantasie so viele Kunstschätze hervorgebracht haben.

Über sechs Millionen Übernachtungen von Touristen zeigen den hohen Stellenwert der Stadt. Neben den kulturellen Herausforderungen bietet Florenz auch unzählige elegante Geschäfte. Kein Wunder, ist Florenz auch die Hauptstadt der italienischen Modewelt.

In der Literatur ist Dante Aligheri, der Dichter der göttlichen Komödie und Schöpfer der italienischen Schriftsprache, aufs Tiefste mit dem Namen der Stadt verbunden. Die touristische Hauptachse verläuft vom Domplatz durch die Via die Calzaiuoli zur Piazzadella Signoria.

Dann geht es weiter über den Ponte Vecchio zum Palazzo Pitti und den Boboli-Gärten.

Dom und Kampanile auf der Piazza del Duomo sowie das Baptisterium auf der Piazza S.

Giovanni sind beherrschende Elemente des historischen Florenz, das seit 1982 auf der Unesco-Liste des Weltkulturerbes steht.

Wir verlassen die Stadt und fahren durch eine Landschaft, deren Name schon Sehnsucht und Musik bedeutet.

Auf der Autobahn ist von der erträumten Vertrautheit nicht viel zu spüren.

Autos überholen, vor allem links, Motorräder jagen mit geradezu abenteuerlicher Geschwindigkeit an uns vorbei, Lastwagen hupen laut.

Wo ist das immer wieder besungene „dolce far niente" geblieben?

Warum fährt der kleine Cinquecento vor uns, der mit den fünf Personen im Auto, nur so halsbrecherisch dahin?

Scheidung auf italienisch vielleicht?

Der Blick zurück, etwa gar in einen Rückspiegel, ist verpönt.

„Sempre avanti", ist die Devise! Und den Blick immer nach vorne !

Wirklich sicher unterwegs ist man während der Zeit der Siesta. In Italien wird pünktlich gegessen. Dann sind die Straßen leer.

Toskana, da ist der Name schon Ausdruck von sanft geschwungenen Hügeln, Zypressen die gegen den blauen Himmel stehen, Olivenhaine, Weingärten und Treppen die zu wilden Wiesen führen. Eine Landschaft, die wirkt als wäre sie außerhalb jeder Zeit.

Immer wieder restaurierte Gehöfte, Renaissance-Kunstwerke und gutes Essen, das bestimmt diese schöne, zeitlose Welt.

Toskana, dass ist auch die Vertrautheit kleiner Gassen, ein Capuccino in einem Cafe am Marktplatz, blühender Ginster und weite Sonnenblumenfelder.

Eine Landschaft der guten Gerüche, nach wilder Minze und Fenchel, nach Lavendel und Rosmarin, und eine Herausforderung für die Geschmacksnerven.

Wie wäre es mit einer Pappa al Pomodoro, eine Tomaten-Brotsuppe?

Darin erzeugen feingehackte Karotten mit Knoblauch, Zwiebel und Stangenselleriewürfel, frische durchpassierte Tomaten und rote Pepperoncini, verfeinert mit Gewürzen einen wunderbaren Geschmack. Dazu gehört natürlich frisches Olivenöl und Knoblauch.

Ein einfaches und typisches Gericht.

Die Menschen in der Toskana lieben das einfache Leben und heimisch muss es sein. Dann stimmt ihre Welt der Sonne und der Farben, der Musik und der Kunst.

Der Anbau von Wein ist in der Toskana Aus-

1 PS träumt von der Kraft zweier Herzen – dem Prius

druck von Kultur, Tradition und Geschichte. Im Export hält der Chianti Classico mit Abstand die Spitze. Nachdem bereits die Etrusker Rebstöcke kultivierten, ist der vermutlich auch der älteste Wein der Toskana.

Die Ernte von Weißwein beträgt hier nur etwa 27 Prozent. Die Toskana ist eine Rotweingegend.

Weltbekannt geworden ist der Brunello. Er hat zwölf Prozent Alkohol und muss nach der Ernte fünf Jahre, davon zwei Jahre in Eichenfässern, lagern.

Beim Durchqueren der Toskana von Nord nach Süd lohnt es sich in jedem Fall, die Autostrada zu verlassen. Eine Empfehlung wäre von Lucca oder Florenz über Arezzo bis Orbetello und Soranao durch die zahllosen befestigten Dörfer zu fahren. Oft sind die von Mauern umschlossen, haben Wachtürme und große Steintore. An den Wänden rankt sich das Weinlaub empor, überall stehen Töpfe mit roten Geranien.

Am besten spiegelt sich der Charakter der Toskana in einem Olivenhain wieder. Die Bäume mit ihren breiten Stämmen und den verästelten Kronen fangen den Wind.

Tausend Jahre kann ein Olivenbaum werden. Im Frühjahr zieren ihn die zarten, grünweißen Blüten, im Winter die roten bis schwarzen Früchte, aus denen das Gold des Baumes, das Öl gepresst wird.

Olivenbäume sind äußerst empfindliche Wesen und zahlreichen Schädlingen ausgesetzt. Eine Mottenart frisst sich in den Früchten bis zu den Steinen durch, winzige Blasenfüssler machen sich über die Blätter her.

Frisch gepflanzte Bäume brauchen sieben Jahre bis sie die ersten Früchte tragen. In dieser Zeit wollen die Bäume gut gepflegt sein. Je liebevoller man einen Olivenbaum pflegt, desto mehr Früchte wird er tragen.

Keine Landschaft Italiens ist so mit romantischen Schilderungen und Superlativen überhäuft worden. Nicht wenige haben sie als die Insel des „Aussteiger-Glücks" erkoren. Oft mit negativen Erfahrungen: Auch hier kann es wochenlang regnen und selbst in dieser so schönen und vermeintlich so freien Gegend muss der Fremde sich behaupten. Mancher Traum hat sich hier nicht erfüllt. Das angestrebte, alternative Leben mit seinen idealisierten Vorstellungen ist oft genug restlos missglückt. Aber versuchen kann man es ja mal. Eine gesicherter Rückkehrmöglichkeit sollte man sich allerdings offen halten.

Die Engelsburg: eine
Zeugin des ewigen Roms

Beim Papst zu Gast

Die Engelsbrücke

Her mit dem Brot!

Wir durcheilen noch immer die offnen Schranken der zahlreichen Stellen für Straßengebühren. Die Vorhänge sind zugezogen. Die Kassierer verschwunden. Italien noch immer im Generalstreik.

Alle Wege führen nach Rom. Unterwegs faszinieren uns kurz vor Rom die Mauern der Burganlage von Orte. Wir verlassen die Autobahn, suchen die beste Fotoposition und eilen weiter.

Dann nähern wir uns den Vororten der heiligen Stadt.

Dort erwartet uns ein warmes Abendlicht und mit dem Kolosseum ein symbolisches Motiv für unser Abschlussfoto. Überall drohen, „Einfahrt verboten'-Schilder“.

Wir verhalten uns „italienisch“ und fahren mit unseren Prius einfach daran vorbei.

Dann stehen wir vor dem Bauwerk.

Marc versucht einen alten rostigen Fiat Uno zu verscheuchen, der plötzlich unser Bild stört. Aus seiner drohenden Haltung wird eine höfliche Verbeugung, als die Insassen ihm zwei Polizeiausweise vor die Nase halten. Einen Moment lang geht es hoch her: ‚Nix fotografieren' ruft der eine Polizist, der andere redet italienisch auf uns ein. Jetzt packt Marc seinen Charme aus und diskutiert auf italienisch.

Ein Deutscher der italienisch spricht? Da sieht die Sache schon etwas anders aus !

Die heftige Diskussion nimmt ein überraschendes Ende.

Die Polizisten sind wie umgewandelt und es geschieht Verblüffendes.

Die Männer in Uniform erweisen sich plötzlich als nützliche Fotografen:

Wir haben unser Gruppenfoto!

Das zeigt sieben leicht erschöpfte Gestalten, nur die beiden Prius sind noch völlig frisch. In keiner Situation haben sie etwas anderes gezeigt, als dass sie absolut alltagstaugliche Auto sind, umweltfreundlich, zuverlässig und extrem sparsam. Weit weg vom Dasein nutzloser Exoten sondern eine durchaus ernst zu nehmende Alternative für umweltbewusste Fahrer.

Inzwischen hat sich ein Hochzeitspaar neben unseren beiden Prius aufgestellt.

Braut und Bräutigam schauen interessiert nach den beiden Prius und wenden sich dabei von ihrer Luxuslimousine ab.

Ein schönes Symbol für die Zukunft.

Wir ergründen weiter die Stadt am Tiber bewundern aber noch eine Weile, ganz ohne Kamera, die mächtigste Ruine des antiken Rom.

Römische Ansichten

Von der späten Abendsonne beschienen zeigt sie ihre gewaltigen Ausmaße.

Ein in der Tat gewaltiges Bauwerk:

Es ist 48 Meter hoch, 188 Meter lang und 156 Meter breit.

Hier haben rund 50 000 Zuschauer den grausamen Gladiatorenkämpfen zugeschaut. Sie haben den Siegern zugejubelt, das Schicksal der Verlierer oft mit herabgesenkten Daumen besiegelt.

Sie haben ihre Stars unter den Athleten gehabt und wilde Tiere bestaunt.

Selbst Schiffsschlachten fanden in der mit Wasser gefüllten Arena statt und wilde Wagenrennen wurden dort abgehalten.

Panem et Circenses, Brot und Spiele wollte das Volk.

Der ursprüngliche Name der riesigen Anlage war Aphitheatrum Flavium und geht auf seine Erbauer, die Flavierkaiser Vespasian und Titus zurück.

Der heute gebräuchliche Name Kolosseum kam erst im späten Mittelalter auf.

Die Aufgabe für den Erbauer des Kolosseums war eine Art Vielzweck-Arena zu schaffen in der nicht nur Gladiatorenkämpfe, sondern auch Land- und Seegefechte sowie Aufführungen von Tragödien und Komödien stattfinden konnten. Als die Anlage im Jahre 80 nach Christus eingeweiht wurde dauerten die Festlichkeiten 100 Tage.

249 nach Christus anlässlich der Tausendjahrfeuer der Stadt wurde in der Arena eine Schlacht abgehalten an der 2000 Gladiatoren

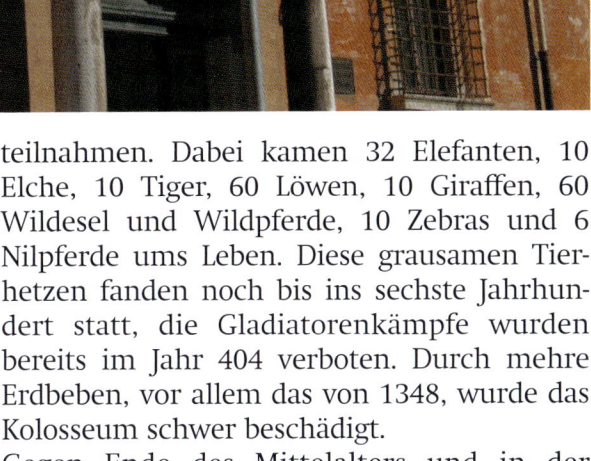

teilnahmen. Dabei kamen 32 Elefanten, 10 Elche, 10 Tiger, 60 Löwen, 10 Giraffen, 60 Wildesel und Wildpferde, 10 Zebras und 6 Nilpferde ums Leben. Diese grausamen Tierhetzen fanden noch bis ins sechste Jahrhundert statt, die Gladiatorenkämpfe wurden bereits im Jahr 404 verboten. Durch mehre Erdbeben, vor allem das von 1348, wurde das Kolosseum schwer beschädigt.

Gegen Ende des Mittelalters und in der Renaissance wurde das gewaltige Bauwerk als Steinbruch benutzt – jetzt ist es unsere Fotokulisse.

Die Sonne strahlt noch immer vom Himmel. Unsere vier Fahrzeuge rollen den Tiber entlang und fädeln sich im komplizierten System der immer wieder unter- und übereinander kreu-

zenden Straßen in Richtung Engelsburg ein. Der weite Platz vor dem Castel San Angelo ist fast menschenleer.

Die Engelsburg wurde in den Jahren 130 bis 139 im Auftrag Kaiser Hadrians für ihn und seine Nachfolger als Mausoleum erreichtet, diente aber später Fürsten und Päpsten als Wohnsitz und als Gefängnis.

Zur Engelsburg führt die Ponte San Angelo, die Engelsbrücke, von der die drei mittleren Bögen noch antik sind. Ihren barocken Charakter verdankt die Brücke den zehn Engelsstatuen, die von Künstlern aus dem Kreis um Bernini geschaffen wurden.

Die Legende erzählt, dass im Jahr 590 durch Papst Gregor eine Bittprozession zur Beendigung der Pest-Epidemie veranstaltet wurde.

Auf der Spitze des Mausoleums erschien dem Papst ein Engel, der das Ende der Pest ankündigte. Daher stammt der Name „Engelsburg". Heute beherbergt der Bau einige historische Museen, Waffen- und Kunstsammlungen, deren Exponate hauptsächlich aus der Renaissance stammen.

Natürlich sind wir zur Piazza di San Pietro, dem Petersplatz geeilt. Der gehört zum Vatikanstaat. Auf dem Weg dorthin sind wir allerdings Opfer des römischen Verkehrs geworden – oder besser gesagt, des römischen Verkehrschaos.

Peter hat gesagt, er kenne den Weg, ist aber sofort vom Verkehr verschluckt worden. Marc hat gesagt, er kenne den Weg auch, ist aber in die falsche Richtung gefahren. Christian, der seit Hamburg dank einer Ersatzbrille wieder scharf sehen konnte hat mit Michaela diskutiert, in welche Richtung man fahren sollte. Sie konnten sich nicht einigen, daraufhin sind sie einfach irgendwo hin gefahren. Ich radebrechte noch immer mit zwei neuen Carabinieri, die mir gerade erklärten, dass man hier überhaupt nicht fotografieren dürfe. Zwischendurch sind immer wieder, mehr oder weniger laut, je

nach Entfernung, die Funkgeräte zu hören. „Hallo Frank, wo bist Du?"

„Ich bin hier..." – aber das war ich gar nicht, das war Marc, der im Rauschen des Verkehrs wohl seinen Namen verstanden hatte.

In diesem Moment hatte ich die Carabinieri davon überzeugen können, dass fotografieren nicht immer einem terroristischen Angriff gleich zusetzen ist.

„Cinque minuti", war die klare zeitliche Einschränkung.

Das war schwierig, denn Marc war mit meinen Kameras davon gefahren.

Dann wurden die Stimmen in den Funkgeräten wegen der zunehmenden Entfernungen immer leiser und verstummten dann gänzlich. Nun war ich ganz alleine, nur der Prius zwei Carabinieri und ich. Die Männer in blau schauten sich inzwischen mit Interesse den vierrädrigen Umweltfreund an.

„Dove e la Piazza San Piedro?" war meine leicht verzweifelte Frage.

Kein Problem meinten die Männer in den schmucken Uniformen. Dann setzte sich einer ans Steuer und fuhr mit mir, gefolgt von dem Alfa mit der Aufschrift Polizia direkt zum

Ende einer Dienstfahrt: Nach 5.000 Kilometern vor dem Colosseum

Petersplatz. Da war ich lange vor den Anderen, die suchten noch immer, nach dem Weg, nach mir, den anderen Freunden.

Zum zweiten Mal waren wir bei Polizeibeamten Nutznießer der Sympathie, die dem Auto aus Japan in Europa entgegenschlägt, geworden.

Eigentlich besteht der Petersplatz aus zwei Plätzen. Geschaffen wurde er 1586 von Bernini und ist wohl eines seiner Meisterwerke. 240 Meter ist der Durchmesser des mächtigen größeren Ovals. Das zweite Oval misst rund 160 Meter.

An den Schmalseiten des Ovals stehen die Kolonnaden mit vier Reihen dorischer Säulen und Pfeiler. 140 Heiligenstatuen krönen die Kolonnaden und Flügelbauten. Auf einem hohen Podest steht in der Mitte des Petersplatzes ein rund 26 Meter hoher Obelisk. Er wurde im Jahre 37 nach Christus auf einem Spezialschiff nach Rom befördert. In seiner Spitze befindet sich eine Kreuzreliquie. Die beiden Springbrunnen stammen aus dem 17. Jahrhundert. Über eine breite Treppe erreicht man den Petersdom. Er ist die Hauptkirche des Papstes. Bereits in den Jahren 76 bis 81 soll hier Papst Anaklet über dem Grab des Apostels Petrus eine Gedächtnisstätte errichtet haben. Im Jahr 324 wurde der älteste Bau, eine fünfschiffige Basilika unter Kaiser Konstantin begonnen. Nach dem Vorbild des Florentiner Doms wurde eine Riesenkuppel errichtet. Das Innere der Basilika wirkt im ersten Moment nicht so gewaltig, wie man es vielleicht bei der Größe des Gebäudes erwartet. Betrachtet man allerdings die Einzelheiten, so werden die riesigen Ausmaße deutlich:

Die Basilika ist 186 Meter lang, das Mittelschiff 44 Meter hoch.

Insgesamt beträgt die Grundfläche 15.160 Quadratmeter und bietet Platz für mehr als 60.000 Menschen.

Eigentlich sollte die Kuppel nach Bramantes Vorstellung eine Nachbildung der Kuppel des Pantheons sein. Fertiggestellt wurde die Kuppel dann von Vignola, Giacomo Della Porta und Domenico Fontana nach einem Holzmodell von Michelangelo. In der Cappella della Pieta steht die berühmte Pieta Michelangelos, Hauptwerk aus der Frühzeit des Künstlers. Im Inneren des Petersdoms befinden sich Meisterwerke von Michelangelo, Bernini und Arnolfo Di Cambio.

Die zugemauerte Porta Santa, die heilige Tür, wird nur im heiligen Jahr, das seit 1475 alle 25 Jahre stattfindet, geöffnet.

Unter der Kirche liegen die vatikanischen Grotten mit den Grabmälern zahlreicher Päpste sowie frühchristliche Sarkophage.

Wir nehmen uns vor, am nächsten Tag Rom noch weiter zu ergründen, eilen aber – inzwischen reichlich zerknittert in unser Hotel.

Wir hatten uns zum Schluss etwas besonderes vorgenommen, eine Art Belohnung für alle Mühen.

Wolfram Siebeck hatte uns darauf gebracht und seine Erkenntnis, das man in Rom sogar gut essen kann – im Restaurant unseres Hotels. Pergola heißt der Gourmet-Tempel. Das Hotel selbst mit dem musikalischen Namen Hilton Cavalieri liegt auf einer Anhöhe.

Von hier hat man einen phänomenalen Blick über die Hügel Roms und den Vatikanstaat. Rom, das wird hier oben aus noch einmal besonders klar, ist eine Mischung aus Ästhetik und Geschichte. Selbst die nichtbekannten Gebäude haben eine besondere Ausstrahlung. Überall in den Gartenanlagen erinnern Büsten an die vielen großen Zeiten der Stadt. Der Blick auf die Stadt ist so faszinierend, dass wir uns auf dem Balkon des Hotels stehend, kaum davon lösen können.

Am Eingang des Hotels werden wir erwartet – als hätten wir etwas Außergewöhnliches vollbracht. Elegant gekleidete Menschen mit edlem Champagner beglückwünschen uns.

Wenn nur nicht immer die Zeitnot gewesen wäre, der stete Drang weiter zu fahren, wäre alles eigentlich ganz einfach gewesen.

Die beiden Prius, denen wir in der Eiseskälte des Polarkreises noch abwartend, vielleicht

sogar ein wenig misstrauisch gegenüber ge-
standen hatten, haben bewiesen, dass sie tatsächlich etwas Besonderes sind. Nur: Ihre Besonderheit ist uns unterwegs in ihrer tatsächli-
chen Normalität gar nicht mehr aufgefallen.
Sie waren uns auf der rund 5000 Kilometer langen Strecke richtig ans Herz gewachsen.
Besonders dann, wenn wir lautlos im E-Modus
durch Städte fuhren, hatten wir dieses besondere „gute" Gefühl. Ein Gefühl, das verantwor-
tungsbewusste Autofahrer immer wieder begleiten sollte.
In der Normalität der Fortbewegung wird
leicht vergessen. Dass Autofahren auch der

Umwelt schadet. Vor allen Dingen oft auch
denen, die gar kein Auto fahren: Kindern und
alten Menschen.
Toyota hat mit der Entwicklung des Hybrid-
Konzeptes Verantwortung bewiesen.
Man hat viel Geld für die Entwicklung inves-
tiert, wo andere sich noch Zeit gelassen haben.
Es war sicher nicht nur ein ökologischer
Gedanke, der das Projekt vorangetrieben hat,
sondern durchaus auch ein ökonomischer. Den
drückte der Chef des weltweit zweitgrößten
Autounternehmens dabei aus als er sagte:
„Wir wollen nicht nur heute Autos verkaufen,
sondern auch noch in Zukunft!"

Das Abenteuer in Zahlen

Route:	Rovaniemi-Jyväskylä-Turku-Stockholm-Kopenhagen-Kolding–Hamburg–Fulda–München–Innsbruck–Garda–Verona–Florenz–Rom
Länge der Strecke:	4.300 Kilometer
Durchschnittsverbrauch *AutoBild*:	5,6 Liter/100km
Durchschnittsverbrauch *hr*:	5,8 Liter/100km
Minimalverbrauch:	4,4 Liter/100km (Finnland)
Höchstverbrauch:	7,7 Liter/100km (Deutschland/Autobahn)
Ölverbrauch:	nicht messbar
Höchstgeschwindigkeit:	169 km/h
Niedrigste Temperatur:	- 27 Grad (Polarkreis)
Höchste Temperatur:	+ 21 Grad (Rom)

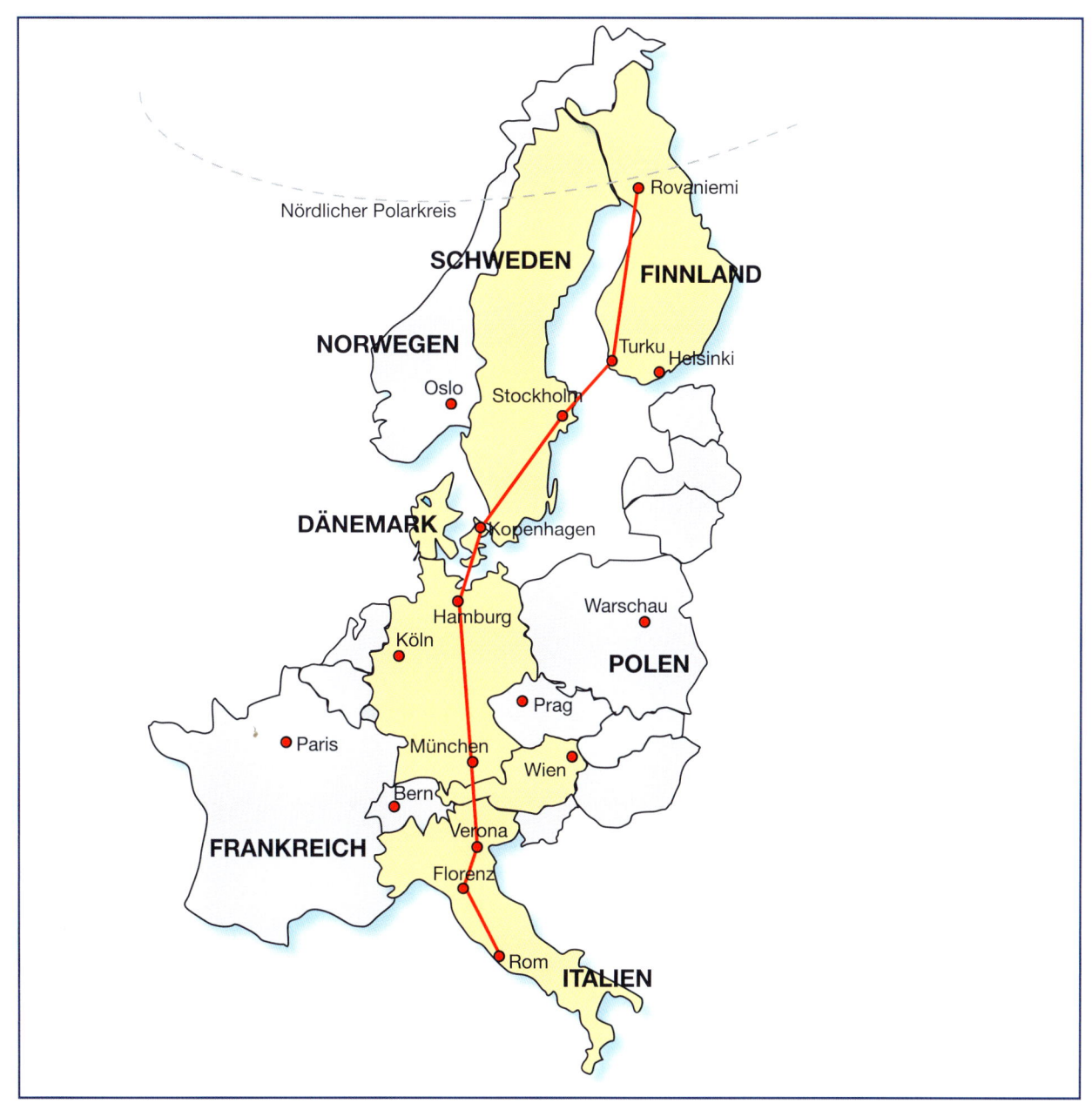

CLEAN
MOBILITY

St. Moritz
ENGADIN

Epilog
Clean Mobility mit Höhenrausch

Auf einer Reise in die Schweiz, einige Wochen nach unserer Fahrt Rovaniemi – Rom, habe ich vor dem Bahnhof in St. Moritz Ruedi Birchler getroffen. Er ist der Polizeichef des berühmten Ortes in rund 1800 Meter Höhe. Vor allem aber ist er außerordentlich umweltorientiert und Mitinitiator der Aktion „Clean Mobility".

Zusammen mit dem kantonalen Polizeichef, dem rührigen Kurdirektor von St. Moritz Hanspeter Danuser, einem Bauunternehmer und einem Hotelier standen sie mit ihren 3,5 Meter langen Alphörnern vor dem Bahnhof von St. Moritz.

Zur Feier des 100jährigen Geburtstages des Bahnhofs erklangen ihre Alphörner mit den schönen heimischen Klängen.

Hanspeter Danuser großes Anliegen ist die Erhaltung der Umwelt. Dabei spielt für ihn der Verkehr eine herausragende Rolle.

„Clean Mobility" ist ein Teilprojekt des „GesamtEnergieProjektes Clean Energy St. Moritz / Engadin". Dabei geht es um die Durchsetzung eines Verkehrskonzeptes, das St. Moritz anlässlich der Eröffnung des großen Parkhauses zwischen Hauptpost Dorf und Bahnhof in Kraft setzt. Da das Konzept auch den Verkehr der Nachbargemeinden und der ganzen Region beeinflusst, wird es von einer interdisziplinären und regional zusammengesetzten Fachgruppe gestaltet und auch unter ökologischen Aspekten optimiert. Dadurch soll erreicht werden, dass der Privatverkehr in St. Moritz Dorf und in der nahen Region nachhaltig beruhigt wird. Dabei sollen in Zukunft auch umweltfreundliche Toyota Prius bei einem Zusatzprojekt eingesetzt werden, das Mobility Car Sharing heisst. Die Autos stehen für ihre Benutzer an den Bahnhöfen St. Moritz, Samedan, Pontresina und Bever bereit.

Bei den Orts- und Engadin Bussen wird der Einsatz von „Greenenergy-Dieselfahrzeugen" angestrebt, wie dies bereits bei den St. Moritzer Pistenmaschinen praktiziert wird.

Zu den umweltfreundlichen Prius bei Mobility Car Share kommen weitere umweltfreundli-

Die Polizeichefs und der Kurdirektor als Alphornbläser

Zwei schmucke schweizer Polizisten und „ihr" Prius

che Fahrzeuge in den Einsatz: Vorgesehen sind Fahrräder, Trottinette und neue Twikes. Damit sollen dann auch umweltbewusst Objekte des Geoparcs besucht werden.

Bei seinen umweltbewussten Bemühungen wird Hans Peter Danuser auf hervorragende Weise von der Gemeinde, vor allem vom Polizeichef des Ortes unterstützt. Beide sind große Bewunderer des Hybrid Konzeptes, der Kurdirektor hat sich als nächstes Auto für einen Lexus RX 400h entschieden

In der Zwischenzeit fährt die Polizei des Kurortes bereits einen Toyota Prius. Der erfreut sich unter den neun Beamten größter Beliebtheit.

In einem Gespräch mit dem Chef der St. Moritzer Polizei meinte Leutnant Birchler über das umweltfreundliche Fahrzeug.

FF

Die Polizei in St. Moritz bemüht sich nicht nur um die öffentliche Ordnung, sie hat auch ein einzigartiges Umweltprojekt, dass hervorragend in die „Aktion Clean Mobility" passt?.

Leutnant Birchler

St. Moritz ist im Engadin zumindest touristisch gesehen wohl der wichtigste Ort. In einem Nobelkurort mit dem Label „Top of the World" ist die Natur das höchste Gut. Da ist es natürlich besonders wichtig, dass die Polizei mit gutem Beispiel vorangeht. Mit dem Toyota Prius habe ich dabei ein Auto gefunden, dass zwar noch keinen Allradantrieb besitzt, aber ich wollte ihn trotzdem, hier auf 1800 Meter Höhe, einsetzen. Die besondere Herausforderung an das Auto dabei war, dass zwölf Polizeibeamte, die den Grunddienst für unsere Bevölkerung leisten, darauf eingesetzt werden.

FF

Kritiker sprechen dem Toyota manchmal eine gewisse Alltagstauglichkeit ab. Die Polizei verfügte bisher nicht über Erfahrungen mit diesen Hybrid Fahrzeugen. Wie sieht den das Ergebnis im harten täglichen Einsatz aus?

Leutnant Birchler

Besonders im täglichen Kurzstreckenverkehr

und beim Berg-hinauf und Berg-hinunter hat sich der Toyota besonders gut bewährt. Die Leistungen, aber auch der Verbrauch sind dabei herausragend.

Gerade im hektischen Alltagsbetrieb hat uns der Prius nie verlassen. Er hat bewiesen, dass er Polizei „tauglich" ist. Wir konnten und können mit ihm jederzeit unsere Aufträge und Einsätze erledigen.

In erster Linie ist die Polizei eine Art Aushängeschild für den Ort. Auf die Polizei wird geschaut und das mit Argusaugen. Daher ist es besonders gut, dass wir hier einen richtigen Schritt in Richtung gesunde Umwelt machen. Dazu haben wir übrigens noch andere Projekte. Im Sommer setze ich eine Fahrrad-Polizei ein, um kein Benzin zu verbrennen. Außerdem trainiert das die Muskelkraft meiner Leute. Dabei können sie nicht nur trainieren sondern auch auf den Wanderwegen die wilden Biker etwas zähmen.

Der dritte Schwerpunkt sind von Solar gesteuerte Parkuhren.

Das alles sind wichtige Schritte auf dem Weg zu einer gesunden Umwelt.

FF

Ihre Beamten sind dabei mit Begeisterung dabei. Sogar noch mehr, sie fahren den Toyota Prius auch noch ausgesprochen gerne ?

Leutnant Birchler

Genauso ist es. Dabei gibt es ist eine lustige Geschichte. Als ich auf dem Genfer Automobilsalon im Frühjahr 2004 den Toyota Prius übernehmen konnte, fuhr ich ihn in den ersten zwei Wochen nur alleine. Ich war im Unterland unterwegs, besuchte Kurse und habe dann mit meiner ganzen Mannschaft Fahrschule gemacht. Danach wollte meine Männer das Auto gar nicht mehr zurückgeben. Ein gutes Beispiel, dass sie sich mit der Technik wohlfühlen. Das trifft auch auf die Größe des Fahrzeuges und seinen Bedienungselementen zu. Diese Größe passt und genügt absolut den städtischen Verhältnissen.

FF

Der Einsatz in der Stadt ist mit dem Toyota Prius ein weitgehend lautloser. Gibt es da auch Situationen, wo Leute sich gerade bei einem Polizeieinsatz erschrecken?

Leutnant Birchler

Das gibt es tatsächlich. Wenn wir bergauf fah-

ren, muss natürlich der Motor mithelfen. Dann ist der Motor zu hören, wenn auch sehr leise. Meine Mannschaft hat mir erzählt, dass passiert oft wenn sie dann wieder bergab fahren und das Auto besonders im Bereich von Wohnstraßen fast lautlos dahin rollt. Dabei erzeugt es Energie und gibt diese an die Batterie ab. Man hört praktisch nichts, kaum mehr als wenn ein Fahrrad kommt. Wenn man dann ein paar Meter hinter den Leuten zum Stehen kommt erschrecken sie sich manchmal tatsächlich.

Es ist immer lustig zu sehen, wie sie dann reagieren. Für uns hat das alles einen ziemlich positiven Effekt. Die Leute denken: „Guck mal, da kommt die Polizei, ohne hupen und auch noch umweltfreundlich !"

FF

Polizeiarbeit bedeutet das Mitnehmen von Mensch und Ausrüstung. Reicht denn der Innenraum für die Polizeiarbeit aus?

Leutnant Birchler

Grundsätzlich ja. Wir fahren meist nur zu zweit auf Streifenfahrt, haben eine Bereitschaftstasche und unsere Schutzbekleidung dabei. Der Kofferraum ist so gut gestaltet, dass wir und unser Gepäck jederzeit genügend Platz haben.

FF

Wie sah es bisher mit der Reparaturbedürftigkeit im harten, täglichen Polizeieinsatz aus?

Leutnant Birchler

Wenn zwölf verschiedenartige Menschen mit einem Auto fahren, ist der Verschleiß für gewöhnlich natürlich größer. Das trifft besonders auf die Bremsen und die Reifen zu. Aber zumindest bis heute hatten wir keinerlei Probleme. Was den Verbrauch betrifft konnten wir feststellen, dass der minimal höher lag, als vom Werk angegeben. Vergessen Sie bitte aber nicht, dass wir auf unseren Einsatzfahrten viele hundert Mal bremsen und wieder anfahren. Übrigens liegt unser durchschnittlicher Verbrauch im Moment bei rund 5,2 Litern.

Die positiven Erfahrungen mit dem Toyota Prius sind nur der Anfang noch weit größerer Bemühungen. Hans Peter Danuser will in St. Moritz zusammen mit der „Mobility Car Sharing" bald eine ganze Flotte von Prius einsetzen. „Wir sind alle der Umwelt verpflichtet", meint Hanspeter Danuser mit Überzeugung. Für ihn gehört dazu auch der Prius.

Das Auto
Vorfahrt für die Zukunft

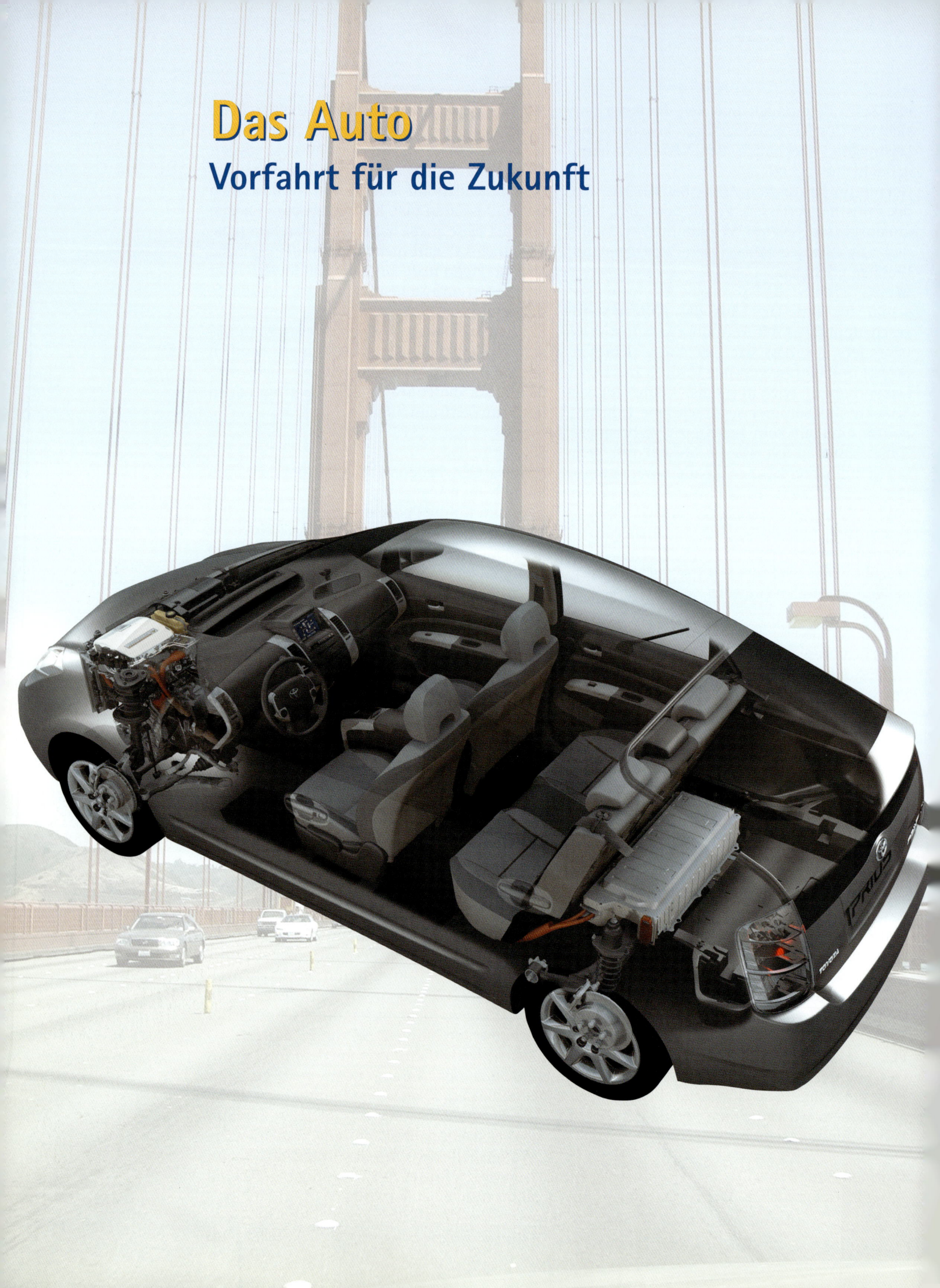

„Der fährt bestimmt mit Wasserstoff" sagt eine der Schülerinnen, die sich vor dem Haus des Weihnachtsmannes am Polarkreis um unsere beiden Prius versammelt haben. Sie werden von Tour-Techniker Peter Wandt eines besseren belehrt: „Dann würde Hydrogen draufstehen – fängt zwar ähnlich an, funktioniert aber ganz anders."

Wandt lächelt, das Mädchen nickt beeindruckt –richtig verstanden hat sie offensichtlich nicht.

Hybrid – das ist griechisch-römischer Herkunft und bedeutet „Mischling von verschiedener Herkunft", der deutsche Duden übersetzt das Wort gar mit dem Begriff „Bastard". Beides möchte man eigentlich nicht so recht mit dem Toyota Prius in Verbindung bringen. Hybrid-autos sind vielmehr technologische Zwitter, Fahrzeuge, die von einem Verbrennungs- und einem Elektromotor angetrieben werden. Noch vor wenigen Jahren galten sie als absolute Exoten. Toyota begann bereits in den 1960er Jahren mit seinen Forschungen auf dem Gebiet der Hybridfahrzeuge und stellte 1967 den GT 800 als Technologieträger vor. Groß-versuche etwa von Volkswagen mit 20 Hybridfahrzeugen auf Basis des Golf Mitte der 1980er

Jahre schienen wenig erfolgversprechend. Das mussten auch Mercedes, Opel und BMW erfahren, und vom ersten Serien-Hybridfahrzeug von Audi, dem Duo fanden nur rund 60 Exemplare den Weg auf die Straße. Die deutschen Hersteller konzentrierten sich daher ganz auf die Diesel-Entwicklung, die Hybridtechnik galt als zu teuer und zu aufwändig.

Heute aber hat sich das Bild gewandelt: Mit Modellen wie dem neuen Prius ist die Technik besser beherrschbar und vor allem bezahlbar geworden: Der Toyota-Erfolg auf diesem Gebiet ist dafür der beste Beweis.

Mit dem Prius der ersten Generation war Toyota 1997 der erste Anbieter, der ein Hybrid-fahrzeug in Großserie anbieten konnte. Weltweit wurden immerhin 120.000 Einheiten des Prius I verkauft. So erstaunt es auch nicht, dass der Nachfolger als Umweltpri(m)us 2004 auf der North American Motorshow zum Auto des Jahres gewählt wurde.

Überhaupt genießt der Prius in Nordamerika eine ganz besondere Stellung. Er ist zum Auto der Bush-Gegner geworden, als Symbol gegen Kriege für Öl und für eine Neuorientierung der Umwelt- und Energiepolitik. Das führt zu interessanten Bildern in der Filmmetropole Hollywood.

Wie alles begann: Auf Basis eines Mini-Sportwagens begann Mitte der 60er Jahre bei Toyota die Hybrid-Forschung. Zählbares kam dabei allerdings nicht heraus, erst Jahrzehnte später gab Japans größter Automobilhersteller Vollgas in Sachen Hybrid.

Die erste Prius-Generation wurde seit 1997 vor allem in Japan und den USA verkauft. Nach einer leichten Überarbeitung stand der Prius ab 2000 auch im europäischen Produktprogramm von Toyota. Mehr als ein Achtungserfolg wurde er aber nicht.

Unten: Die zweite Prius-Generation von 2003 ist in den USA Trend. Immer öfter taucht er im Straßenverkehr der kalifornischen Ballungszentren auf. Nur die Plakette an der Heckklappe (rechts) gibt einen Hinweis darauf, was sich unter der Haube dieses Wagens abspielt.

Stars wie Cameron Diaz, Leonardo Di Caprio und Harrison Ford lassen sich nicht mehr mit der „Stretched Limousin" zum Nobel-Coiffeur bringen, sondern klemmen sich aus Protest gegenüber der Regierung selbst hinter das Steuer ihrer Ressourcen schonenden Prius. Zu der langen Liste berühmter Namen zählen aber auch Donny Osmond, Alexandra Paul, Larry David, Ed Begley junior und Harrison Ford.

Selbst in der Politik hat man erkannt, wie wichtig das Auto ist. Aus dem amerikanischen Kongress fahren Brian Beard (Washigton), Darrell Issa (Kalifonien) und Connie Morella und Roscoe Bartlett (Maryland) das umweltfreundliche Fahrzeug.

Auch Carla Chamberg, die Produzentin des erfolgreichen Films „Erin Brockovich" mit Julia Roberts, genießt bewusst die Vorteile eines Prius.

Der Prius wurde in den USA 2004 zum „Auto des Jahres" gekürt und mit dem „Golden Caliperes Award" ausgezeichnet.

Damit wurde zum ersten Mal ein Hybrid-Auto mit diesem ehrenvollen Preis bedacht. Den Preis erhielt das Fahrzeug nicht nur wegen seiner Umweltfreundlichkeit. Kevin Smith, Chefredakteur von *Motortrend*, führte dazu aus: „Der Prius ist ein komfortables, alltagstaugliches Auto, das eine fantastische Kraftstoff-Bilanz aufweist." Ausgewählt wurde der Prius aus 26 neuen Fahrzeugen vom Sportwagen bis zum Minivan. Eine Handlung mit Symbolwirkung in einer Zeit, in der auch in den Vereinigten Staaten – Urland der spritfressenden Straßenkreuzer und Geländewagen – vermehrt auf den Spritverbrauch MPG (Miles per Gallon) geachtet wird.

Gibt es darauf – vor allen Dingen vor dem Hintergrund der immer strenger werdenden Schadstoff-Gesetze in Kalifornien – eine bessere Antwort als ein Hybridfahrzeug?

Deutsche Hersteller bejahen das mit dem Brustton der Überzeugung und verweisen wiederum auf ihre Dieselaggregate. Anderseits ist

der Diesel außerhalb Europas kein Thema, weder in den USA noch in Japan – den für asiatische Hersteller wichtigsten Absatzmärkten. Daher werden auch die anderen Hersteller wohl oder übel nachziehen müssen, um nicht den Anschluss zu verlieren.

Nach einer Studie der Unternehmensberatung Frost & Sullivan werden bis 2010 voraussichtlich alle größeren Hersteller Hybridmodelle anbieten. Der Anteil dieser Fahrzeuge an den europäischen PKW-Verkäufen soll dann bei etwa drei Prozent liegen.

Der Chef des größten deutschen Automobilherstellers bezeichnete das Hybridfahrzeug sogar als ökologische Katastrophe. Vielleicht aber hat er sich nur in den Vokabeln geirrt und meinte vielmehr, es sei eine ökonomische Katastrophe... – auf Sicht gesehen für seinen Konzern?

Überhaupt kann man den Eindruck gewinnen, dass hier die deutsche Autoindustrie (einmal mehr?) einen Trend, der sich bereits seit Jahren abzeichnete, schlicht ignoriert (verschlafen?) hat.

Toyota dagegen musste inzwischen die Produktion von Hybridfahrzeugen um mehr als verdoppeln. Man ist von dem Auftragsvo-

lumen weltweit, natürlich auch in Deutschland, einigermaßen überrascht worden. Bereits in den nächsten Jahren will man in jeder Baureihe mindestens ein Hybridfahrzeug im Angebot haben, allein 2005 möchte man weltweit über 300.000 Hybridfahrzeuge absetzen.

Hybridantriebe: Das Konzept

Hybridantriebe ermöglichen es, die Vorteile verschiedener Antriebsmaschinen zu nutzen, aber deren Nachteile weitgehend zu vermeiden. Die Verbrennungsmotoren normaler Autos sind so ausgelegt, dass ihnen auch beim Beschleunigen oder am Berg nicht die Puste ausgeht. Allerdings fährt kein Auto ständig bergauf und ist immer in Beschleunigung, so dass eigentlich jedes Auto – auch schon die Basismotorisierung – wesentlich mehr Leistungspotenzial mit sich herumschleppt als normalerweise gebraucht wird: Bei gleichmäßiger Fahrt auf ebener Strecke benötigt das Fahrzeug nur einen Bruchteil der ihm eigentlich zur Verfügung stehenden Leistung: Im Prinzip ist das wenig effektiv. Elektrofahrzeuge haben dem gegenüber zwar ein sehr hohes Drehmoment und beschleunigen deshalb ungewohnt zügig, aber die begrenzte Leistungsdichte heutiger Batterien und damit die geringe Reichweite bei einem akzeptablen Leistungsgewicht stellen ein echtes Problem dar – ein Problem, das die Verbindung von beiden Antriebsarten in einem Hybridfahrzeug umgeht.

Die hierfür benötigte Technik erweist sich jedoch als aufwändig und teuer – ein zentrales Argument, das die Gegner von Hybrid-Entwicklungen mit Vorliebe ins Feld führen: Immerhin verfügt ein Hybridfahrzeug über zwei Motoren. Zugegeben – die Technik ist nicht ganz billig, aber wirkungsvoll.

Je nachdem, wie die Motoren gekoppelt werden und auf den Antriebsstrang einwirken, ergeben sich zahlreiche Variationsmöglichkeiten. So unterscheidet man grundsätzlich zwischen seriellem und parallelem Hybridantrieb. Fahrzeuge mit ersterem bewegen sich ausschließlich durch einen Elektromotor fort. Dieses Prinzip ist beinahe so alt wie das Automobil selbst und war zumindest in den ersten beiden Jahrzehnten der Automobilgeschichte eine starke Konkurrenz für den noch unzuverlässigen und leistungsschwachen Benzinmotor. Leistungsstarke Elektromotoren fanden (und finden) auch im Lokomotivbau Verwendung. Bis heute gebaut werden Lokomotiven mit dieselelektrischem Antrieb, bei denen der Diesel-Motor einen Generator antreibt, der wiederum den Strom erzeugt, der die Elektromotoren speist, um die Radsätze anzutreiben. Der Verbrennungsmotor fungiert hier also nur als Stromerzeuger für den Elektroantrieb.

Die heute auf der Straße fahrenden Hybridfahrzeuge sind meist mit parallelem Hybridantrieb ausgestattet. Dabei sind Verbrennungs- und Elektromotor direkt mit dem Antriebsstrang verbunden. Bei hohem Leistungsbedarf treiben beide Motoren gemeinsam an, ansonsten nur der Verbrennungsmotor.

Der Toyota Prius stellt eine Mischung aus seriellem und parallelem Hybrid dar. Bei ihm kann die Leistung des Verbrennungsmotors an den Antriebsstrang oder an den Generator abgegeben werden – alternativ auch an beide zugleich. Vom komplizierten Zusammenspiel der beiden Motoren – geordnet durch leistungsfähige Chips in den Eingeweiden der Bordelektronik – merkt der Fahrer allerdings nur wenig.

Macht neugierig: der neue Prius.

Sicher: Wir hatten ihn bei der Europa-Premiere im Toyota-Entwicklungszentrum in Brüssel gesehen, durften mal reinschnuppern,

Endkontrolle: Trotz der deutlich erhöhten Produktion wird bei Toyota nicht geschlampt. Penibel wird nach möglichen Fehlern gefahndet.

Macht neugierig: der neue Prius. Beide Motoren zusammen entwickeln eine Spitzenleistung von 113 PS. Das Drehmoment-Maximum – und Drehmoment ist das, was im Alltagsverkehr zählt – liegt bei üppigen 478 Newtonmeter, das ist mehr als viele Oberklasse-Diesel vorweisen können.

Kein Zündschloss mehr im herkömmlichen Sinne. Gestartet wird auf Knopfdruck – sofern der richtige Schlüsselchip in der Hosentasche steckt. Mit dem Druck auf den Hauptschalter

Technik betrachten, Tasten ertasten – ihn allerdings im wahrsten Sinne des Wortes zu „erfahren“, dazu kommen wir erst jetzt. Ausgiebig. 5.000 Kilometer lang.

Wir stehen fröstelnd bei 10 Grad unter Null auf dem Hotelparkplatz in Rovaniemi und Peter gibt eine kurze Einweisung:

„Eigentlich ist das ein ganz normales Auto...“ sagt er und muss lachend irgendwann doch zugeben, dass uneigentlich nichts so recht normal ist. Mein ungeduldiger Griff nach dem Türgriff lässt die Tür aufschwingen. Stand das Auto etwa die ganzen Tage offen auf dem Parkplatz? Peter nestelt ein kleines flaches Plastikkästchen aus der Hosentasche und beruhigt uns:

„Wenn das Auto feststellt, dass sich irgendwo in der Nähe jemand mit diesem Schlüssel aufhält, entriegelt er sensorgesteuert die Türen – zumindest in der Executive-Ausstattung“.

Fasziniert nehmen wir Platz und sondieren erst einmal den Raum:

Cockpit? Vorhanden! Lenkrad? Vorhanden! Pedale? Zwei! Schalthebel? Ja, so was ähnliches ist auch da.

Zündschloss? Mist, wo ist das Zündschloss?

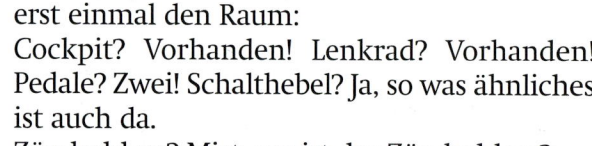

„Könnt Ihr vergessen" lacht Peter: „Da ist zwar ein Schlitz für den Transponder, aber ihr könnt den Schlüssel genausogut in der Hosentasche lassen..".

Technik, die begeistert: Ein Sensor stellt fest, ob ein Schlüssel im Fahrzeug ist und gibt dann die Zündung frei.

Wie er nun anspringt, der Prius, wissen wir aber immer noch nicht.

„Drück einfach den Knopf links neben dem Lenkrad mit der Aufschrift ‚Start'. Dann ist die Zündung aktiviert." Das Cockpit erwacht zum Leben. Buchstaben und Ziffern beginnen im digitalen Mäusekino zu leuchten. Das Display in der Mittelkonsole informiert darüber, dass wir uns außerhalb digitalisierter Landkarten befinden und deswegen eine Navigation nicht möglich ist. Wie schade, denke ich mir, will aber trotzdem losfahren.

„Und jetzt?" frage ich.

„Jetzt einfach auf die Bremse treten und noch mal auf ‚Start' drücken. Ich gehorche, trete und drücke und es passiert... – nichts! Kein Motorgeräusch im Ohr, kein Vibrieren in der Magengrube.

Peter amüsiert sich:

„Jetzt den Schalthebel auf ‚R' und langsam rückwärts..." Tatsächlich! Er fährt! Lautlos, rein elektrisch, ein paar Sekunden lang, dann springt der Benzinmotor an und bringt die Auspuffanlage mit dem Katalysator auf Temperatur. Nur dann ist gewährleistet, dass der Prius seine beiden größten Stärken voll ausspielen kann: Das sind neben dem sparsamen Umgang mit Benzin die vorbildhaften Abgaswerte.

Und so ganz nebenbei: aus dem Prius ist ein ganz ansehnliches Exemplar Automobilgeschichte geworden – im Gegensatz zum ersten Prius, der nie als Schönheit hatte gelten können. Ganz anders dagegen sein Nachfolger, der nicht nur schöner, sondern auch größer geworden ist: Um 135 Millimeter in der Gesamtlänge und um 150 Millimeter im Radstand. Und da bei der Gelegenheit der Prius auch in Höhe und Breite gewachsen ist, kommt während unserer gesamten Reise nie das Gefühl von Enge oder Platznot auf. Wer es genau wissen will: Gesamtlänge nun 4.450 Millimeter, Radstand 2.700 Millimeter, die Breite 1.725 Millimeter. Die Höhe liegt bei 1.490 Millimetern: Insgesamt deutlich über Golfniveau, auch in punkto Gepäckraum. Zwischen 410 bis 1.210 Litern beträgt das Ladevolumen; die Rückenlehne im Fond lässt sich im Verhältnis 60/40 teilen und kann bei Bedarf nach vorn geklappt werden, um eine ebene Ladefläche zu schaffen. Zur Not könnte man sogar darin übernachten...

Ein kleines Hebelchen setzt den Prius in Bewegung, die Bedienung erfordert keine große Umgewöhnung, vor allem dann nicht, wenn man von einem Automatikfahrzeug umsteigt. Die Bedienung des elektronischen Schalthebels ist kinderleicht, über eine Anzeige im Cockpit wird der Fahrer über die eingelegte Fahrstufe informiert. Der Schalthebel arbeitet mit „Shift-by-wire"-Technologie und kehrt nach jeder Betätigung in Ruhestellung zurück.

PRIUS
1,490
1,510
1,725
2,700
4,450
1,480

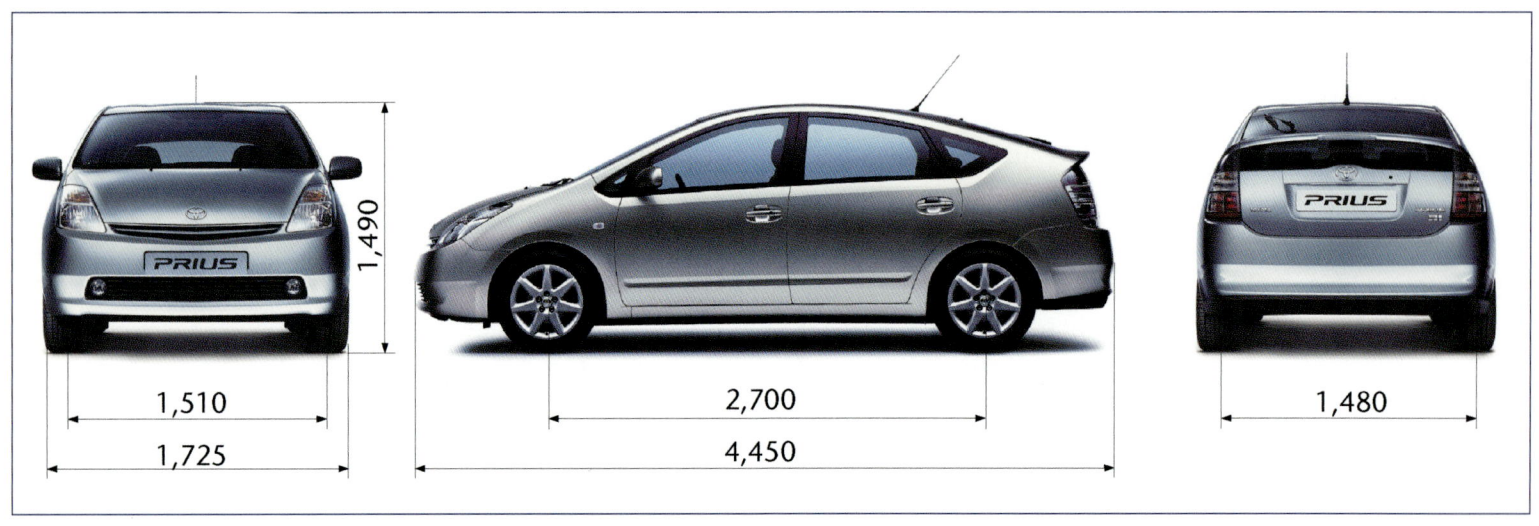

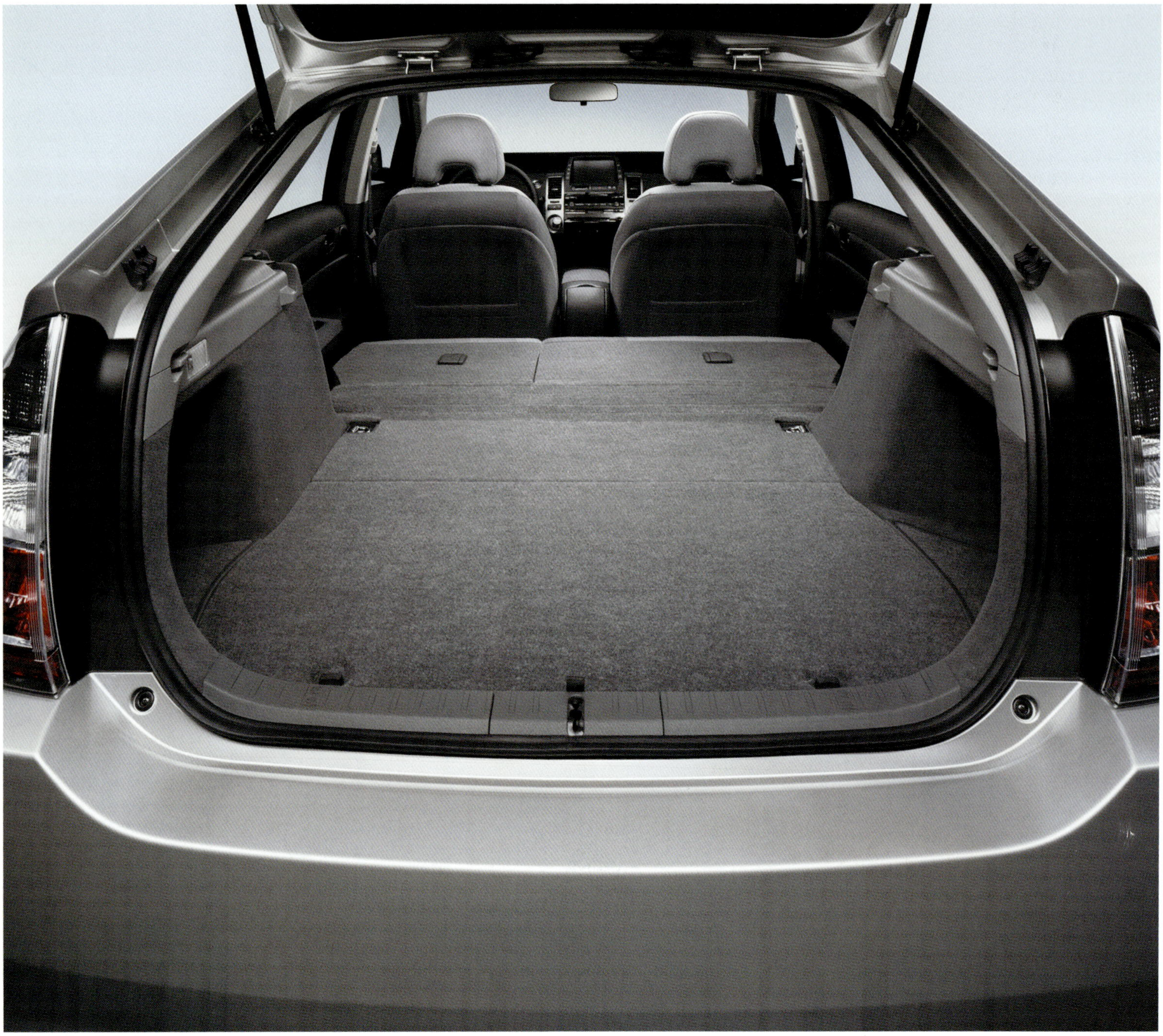

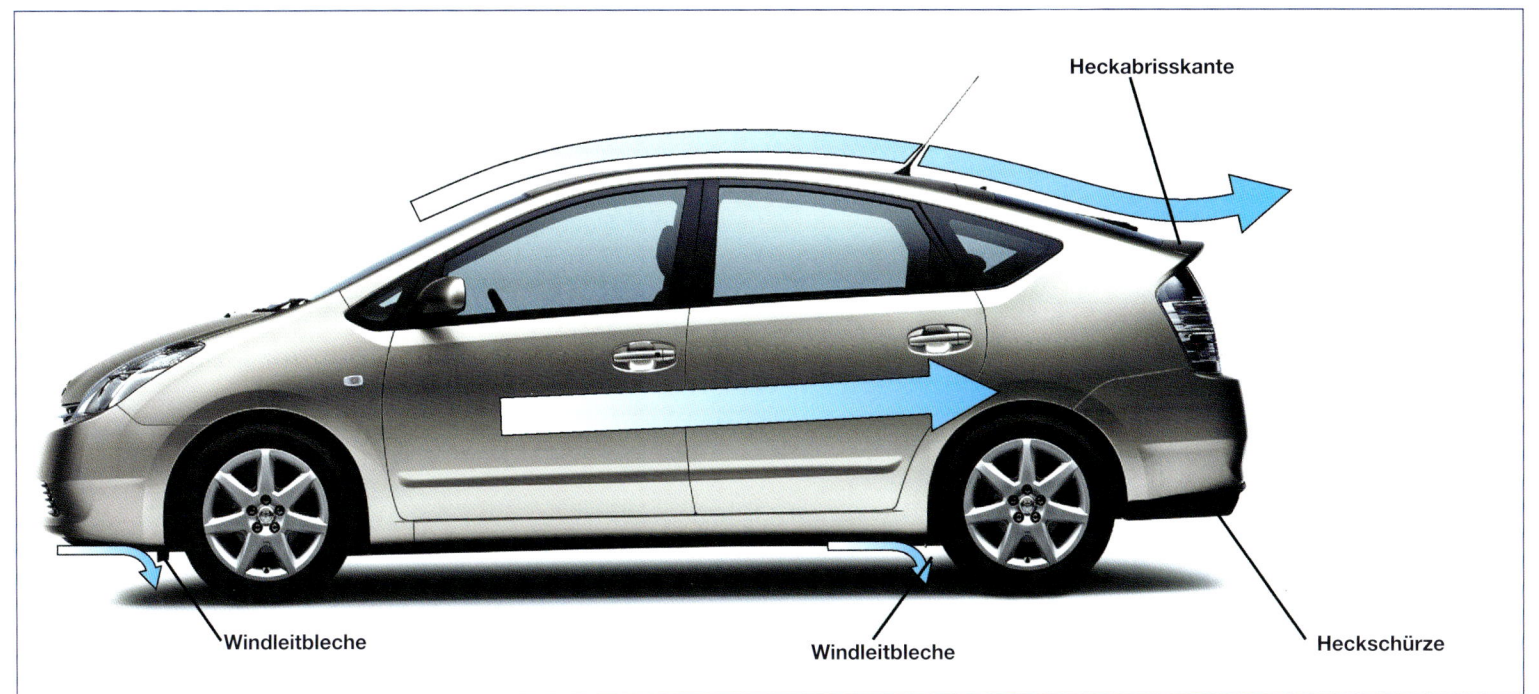

Heckabrisskante

Windleitbleche

Windleitbleche

Heckschürze

Alles am Prius ist auf möglichst geringe Verbrauchs- und Geräuschwerte ausgelegt, das zeigt auch das wirkungsvolle Aerodynamik-Paket, zu dem aerodynamische Luftleitelemente vor den Radkästen, markante Sicken im Dach, Spoiler an der Heckklappe sowie unter dem hinteren Stoßfänger gehören. Sie reduzieren Luftverwirbelungen und somit Geräusche auf ein Minimum und tragen zum geringen Verbrauch bei. Dazu kommen andere konstruktive Maßnahmen, die man nicht auf den ersten Blick sieht – wie beispielsweise der be-

sonders glattflächige Unterboden. Alle Maßnahmen zusammen drücken den Luftwiderstandsbeiwert auf 0,26 – den niedrigsten seiner Klasse. Weit unter dem Klassendurchschnitt ist auch die Geräuschkulisse im Prius, deutlich darüber dagegen der Anteil an High-Tech-Elementen im Fahrwerksbereich.

Zu den Highlights der Fahrwerkstechnik gehört ein Komplettpaket an fahrdynamischen Funktionen, zu denen ABS und EBD ebenso zählen wie der Brems-Assistent (BA), das weiterentwickelte elektronische Stabilitäts-

Die Toyota-Aerodynamiker haben alle Register gezogen, um den Lufwiderstandsbeiwert beim Prius auf rekordverdächtige $C_w = 0,26$ zu senken.

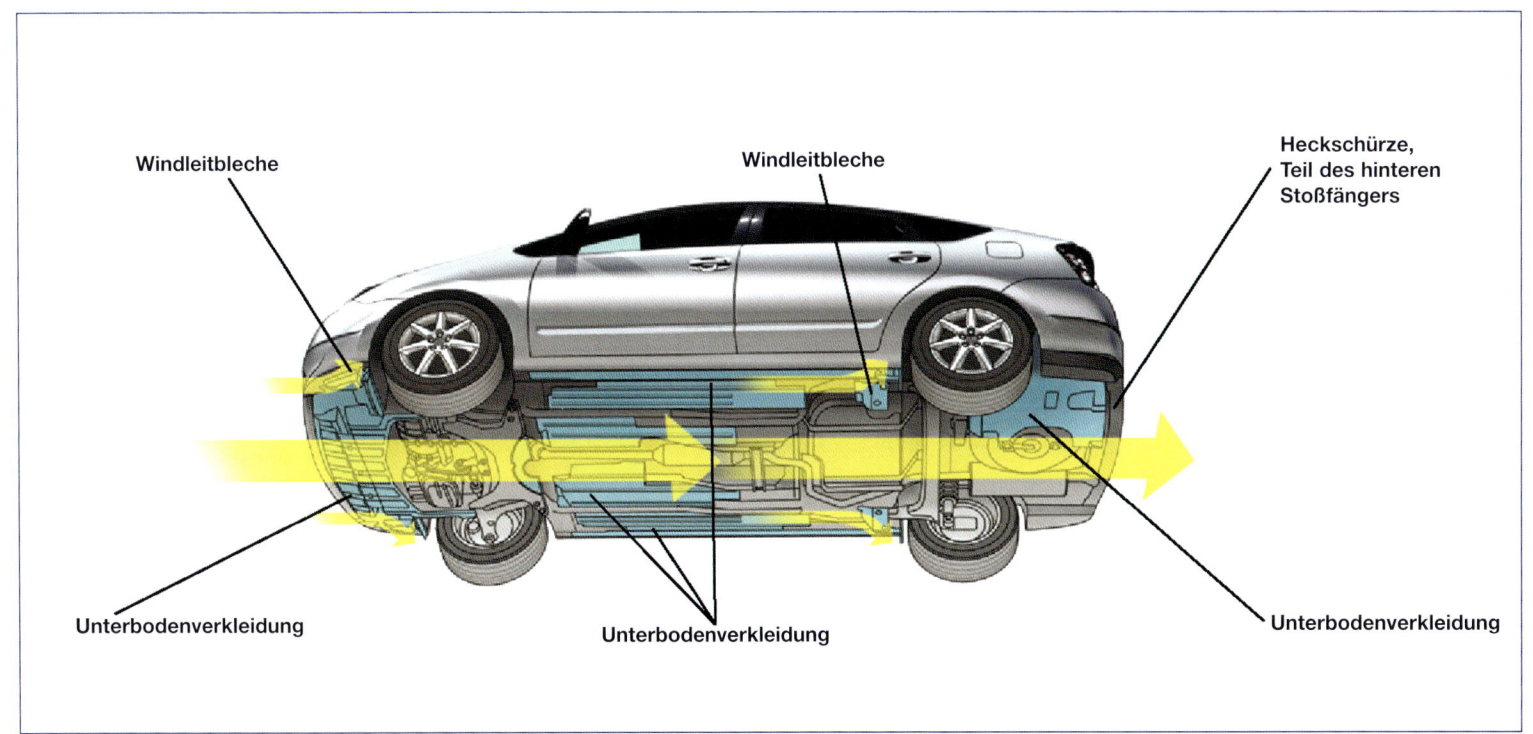

Windleitbleche

Windleitbleche

Heckschürze, Teil des hinteren Stoßfängers

Unterbodenverkleidung

Unterbodenverkleidung

Unterbodenverkleidung

Die Hauptkomponenten des elektronischen Bremssystems ECB. Der Druckmodulator gibt dem Fahrer beim Betätigen der Bremse ein Gefühl für den aufgebauten Bremsdruck. Technisch notwendig wäre er eigentlich nicht.

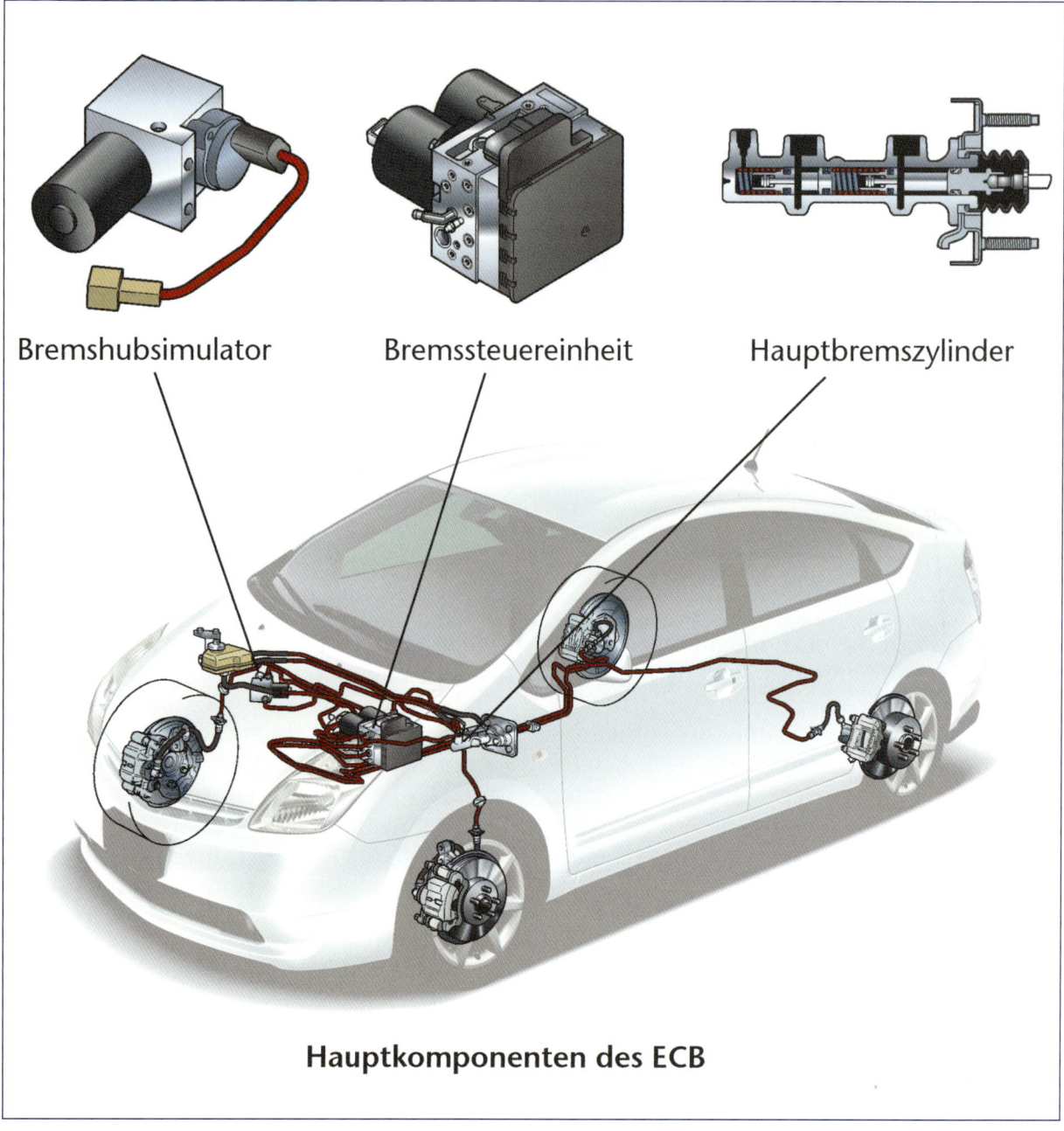

Bremshubsimulator   Bremssteuereinheit   Hauptbremszylinder

Hauptkomponenten des ECB

programm VSC+ sowie die Antriebsschlupfregelung TRC. Das neue elektronisch gesteuerte Bremssystem ECB (Electronically Controlled Brake System; koordiniert den Einsatz der regenerativen Bremse und der elektro-hydraulischen Bremsanlage sowie der zahlreichen elektronischen Helferlein, die alle dazu dienen, den Prius sicher auf der Straße zu halten) nutzt modernste by-wire-Technologie. Die Verzögerung erfolgt über vier Scheibenbremsen, von denen die vorderen Scheiben innen belüftet sind.

Mit seinem auf 2.700 Millimeter verlängerten Radstand hat sich der Prius aus der Kompaktklasse verabschiedet – ein aktueller Toyota Avensis hat auch nicht mehr Raum zwischen den Achsen. Von diesem stammt übrigens die

Vorderachse an Mc-Pherson-Federbeinen samt Querstabilisator, der – wie wir reichlich Gelegenheit hatten zu erfahren – ein hohes Maß an Fahrkomfort bietet. Geradeauslauf- und Kurvenstabilität sind tadellos, ebenso der Fahrkomfort. Anders als noch im Vorgängermodell bestehen die Achsschenkel wie auch die Bremssättel des neuen Prius aus Leichtmetall – eine Maßnahme, die die ungefederten Massen an der Vorderachse reduziert und ihr Scherflein dazu beiträgt, die Verbrauchswerte so günstig zu halten, wie sie nun einmal sind. Am Heck findet sich eine weiterentwickelte Version der Torsionslenkerachse aus dem Corolla; die Konstruktion ist besonders leicht, kompakt und stabil.

Gelenkt wird mit einer Zahnstangenlenkung, die mit einer geschwindigkeitsabhängigen,

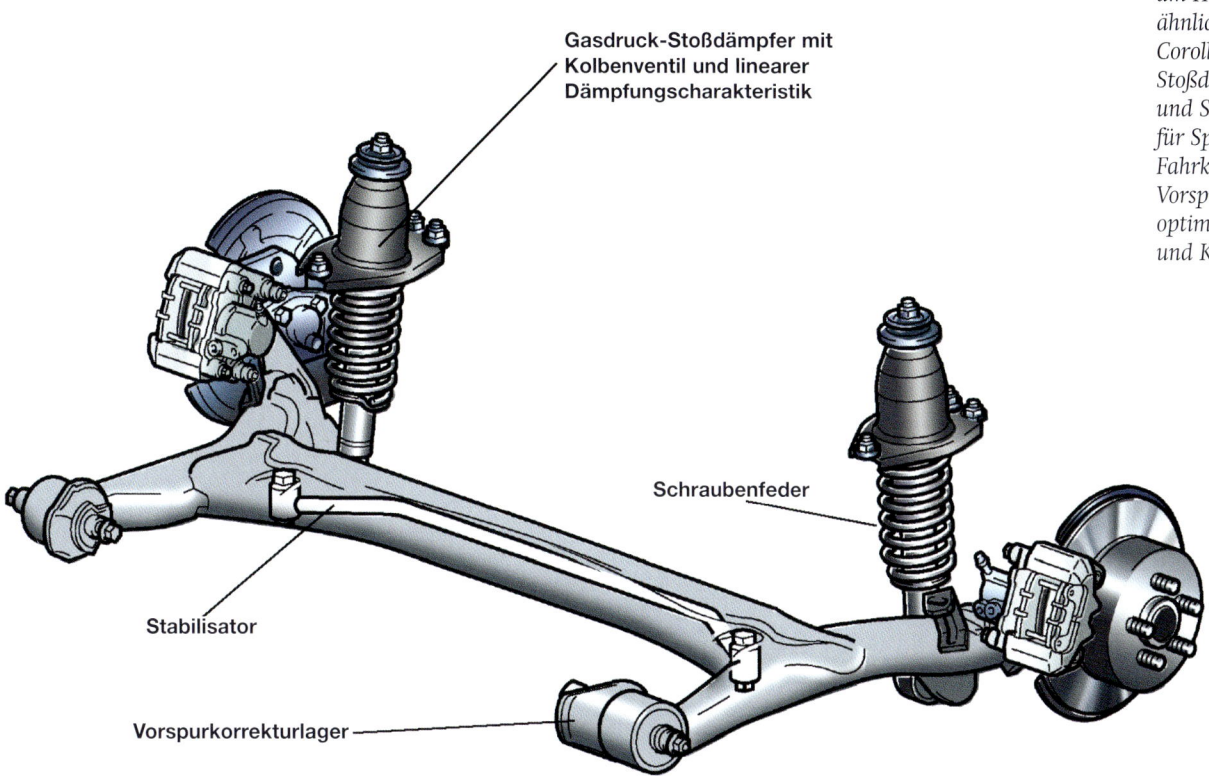

Gasdruck-Stoßdämpfer mit
Kolbenventil und linearer
Dämpfungscharakteristik

Schraubenfeder

Stabilisator

Vorspurkorrekturlager

*Die Torsionslenkerachse
am Heck findet sich in
ähnlicher Form auch am
Corolla. Gasdruck-
Stoßdämpfer, Achsträger
und Stabilisator sorgen
für Spurtreue und
Fahrkomfort; neuartige
Vorspur-Korrekturlager
optimieren Geradeauslauf
und Kurvenstabilität.*

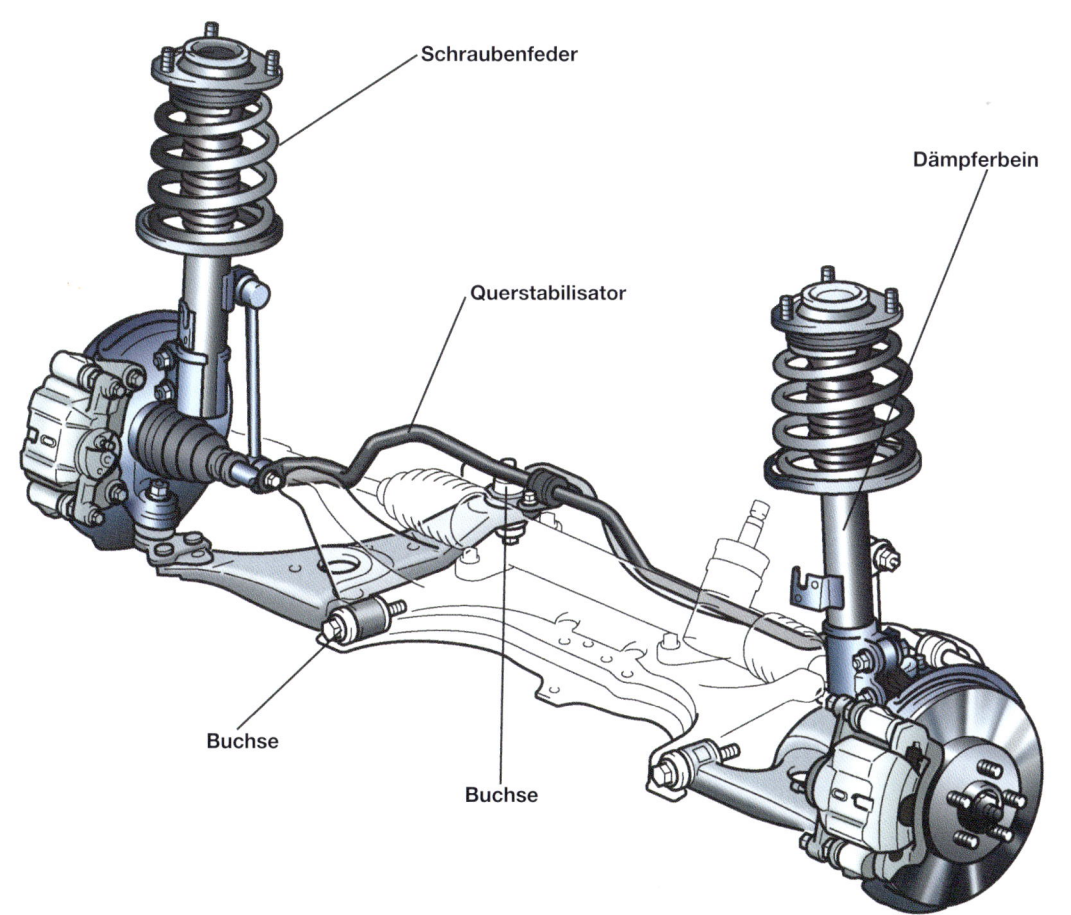

Schraubenfeder

Dämpferbein

Querstabilisator

Buchse

Buchse

*Die Vorderachse des Prius
wurde im Prinzip vom
Avensis übernommen.
Dabei handelt es sich um
eine Einzelradaufhängung
an McPherson-Federbeinen
samt Querstabilisator, der
über Gelenkstreben direkt
an den Federbeinen ange-
lenkt ist. Achsschenkel und
Bremssättel bestehen aus
Leichtmetall, was die
ungefederten Massen an
der Vorderachse reduziert.*

ECO.

TOYOTA

elektrischen Servounterstützung arbeitet. Elektrisch deshalb, weil hier das System selbst entscheidet, wie viel Unterstützung in der jeweiligen Situation erforderlich ist. Natürlich ist sichergestellt, dass auch bei einem Ausfall der Elektrik der Wagen lenkbar bleibt. Die Servolenkung ist übrigens – ein Novum – mit dem elektronischen Fahrzeugstabilitätsprogramm VSC+ vernetzt. In kritischen Situationen wird dadurch die Lenk-Reaktionszeit minimiert. Was noch wichtiger ist: Sollte der Fahrer vor Schreck zu heftig am Lenkrad kurbeln, wird die Servounterstützung zurück genommen, falls Gegenlenken in die falsche Richtung alles nur noch schlimmer machen würden. Zudem benötigt das System nur dann Energie, wenn eine Servounterstützung tatsächlich erforderlich ist.

Mittelmaß? Oberklasse!

Die 5000-Kilometer-Tour hat Spaß gemacht – nicht nur wegen der zahlreichen Ablage- und Staufächer im Prius-Innenraum, die jeden Osterhasen, der Verstecke für die Eier sucht, begeistern muss. Auch für Unterhaltung anderer Art an Bord ist bestens gesorgt – und damit ist nicht die famose Audioanlage mit CD-Player gemeint. Von zentraler Wichtigkeit ist das 7-Zoll-Multivisions-Farbdisplay auf der Mittelkonsole. Es dient nämlich als Statusanzeige und Bedienelement zugleich: Das System verfügt über Touch-Screen-Technologie. Das Display informiert wahlweise über den Durchschnitts- sowie Momentanverbrauch, dient als Diagnoseanzeige sowie als Statusanzeige für Antrieb, Klimaanlage, Audio- und DVD-Navigationssystem, Freisprecheinrichtung, Energie-

An Ablagen herrscht kein Mangel. Trotz Airbag findet sich auf der Beifahrer-Seite neben dem großen Handschuhfach eine zweigeteilte Ablage auf dem Armaturenbrett.

Zahlreiche Ablagemöglichkeiten ergänzen das üppige Raumangebot und machen die Fahrt im Prius noch komfortabler. Natürlich gehören auch zahlreiche Cupholder dazu – es geht nicht mehr ohne.

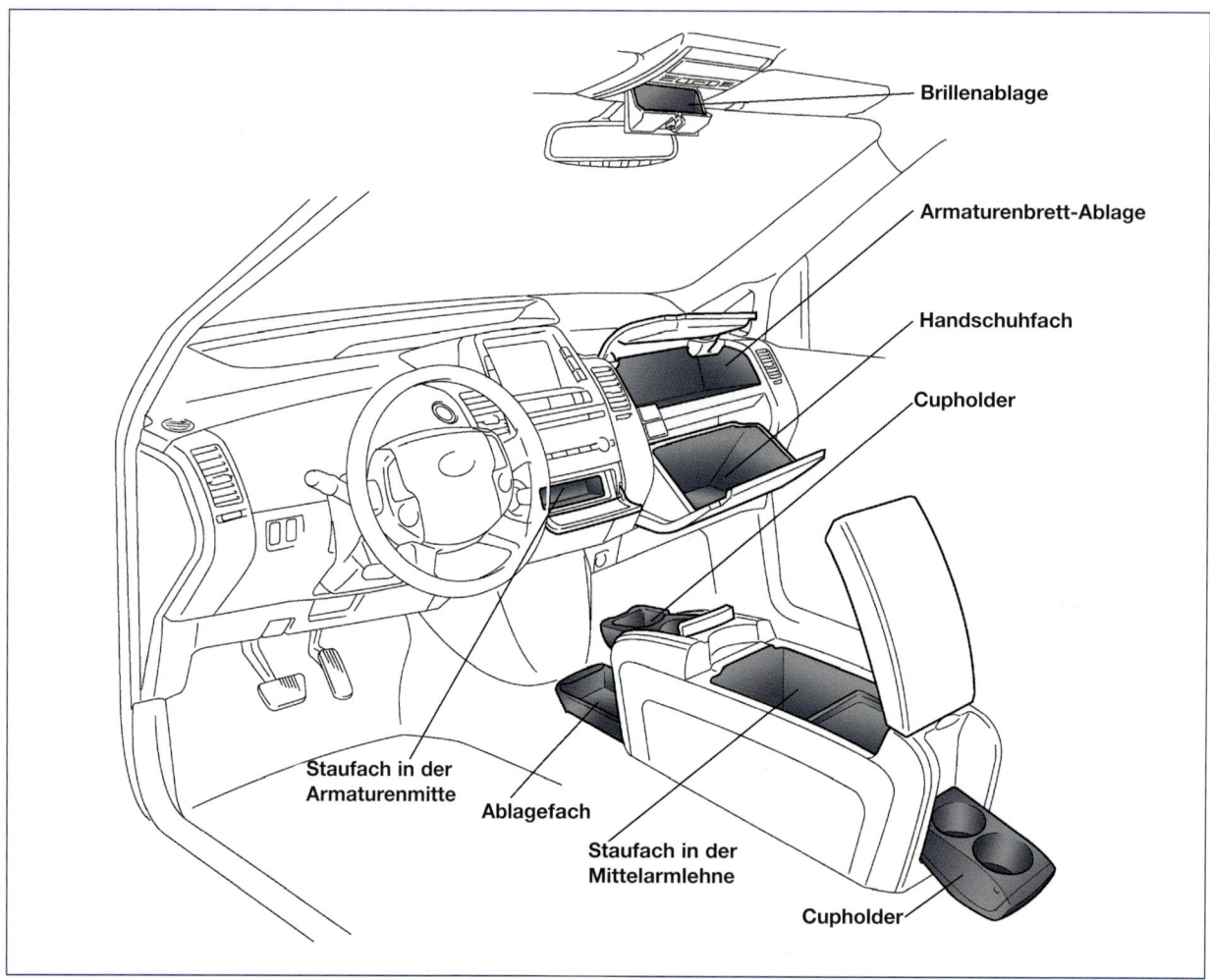

Brillenablage

Armaturenbrett-Ablage

Handschuhfach

Cupholder

Staufach in der Armaturenmitte

Ablagefach

Staufach in der Mittelarmlehne

Cupholder

Zentral-Instrument: Dieser Bildschirm gehört zu den wichtigsten Bedienelemente im Prius. Das 7"-Touchscreen-Display informiert über Audiobedienelemente und Außentemperatur, Durchschnitts- und Momentanverbrauch, Energiefluss und -rückgewinnung, die Einstellung der Klimaanlage und hält eine ganze Anzahl weiterer Informationen bereit. Ob man die tatsächlich auch alle nutzt, steht auf einem ganz anderen Blatt. Aber man könnte, wenn man wollte!

fluss und –rückgewinnung Die Farbgebung und Sprache des hoch auflösenden Monitors ist wählbar.

Alternativ lassen sich die Klimaanlage, das Audiosystem, das DVD-Navigationssystem und die Freisprecheinrichtung auch über Bedienelemente im Lenkrad betätigen.

Schon nach kurzer Zeit hatten wir uns auch an den elektronischen Schalthebel des Prius, eine Art Joystick, gewöhnt. Der Gangwechsel ist kinderleicht. Schaltstufe anwählen – fertig! Alles weitere erledigt das stufenlose, variable Getriebe. Der elektronische Schalthebel arbeitet entkoppelt und somit geräuschlos. Der Hebel kehrt nach seiner Betätigung in die Ruhestellung zurück und lässt keine Fehlbedienung zu. Über eine Anzeige im Cockpit wird der Fahrer jederzeit über die eingelegte Schaltstufe informiert.

Doppelherz: Der Prius–Antrieb

Der Benzinmotor ist die Hauptantriebsquelle des Prius – aber im Vergleich zu vergleichbaren herkömmlichen Autos hat er wesentlich weniger Leistung, ist damit kleiner und leichter.

Der 1.497 cm^3 große Leichtmetall-Vierzylinder mit einem Bohrungs-Hubverhältnis von 75,0 x 84,7 mm hat sich schon im Vorgängermodell bewährt. Der Benziner entwickelt seine um vier Kilowatt gestiegene Maximalleistung nun bei 5.000/min und damit 500/min später als in der Vorgängerversion. Das maximale Drehmoment von 115 Nm liegt demgegenüber schon bei 4.000/min und damit 200/min früher an als im Prius der ersten Generation: Der neue Prius ist kräftiger und beschleunigt besser als der erste Prius von 1997.

Dazu dient unter anderem die stufenlos variable Ventilsteuerung VVT-i, ein schlaues Konzept, das das Öffnen und Schließen der Ventile entsprechend den Anforderungen des Fahrbetriebs variiert.

Zu den weiteren, der Kraftentfaltung dienlichen Maßnahmen gehören die Kolbenböden mit oval geformten Brennräumen, was die Verbrennung verbessert und letztlich Sprit sparen hilft. Zudem wurden Wandstärke und Kontaktfläche der Kolbenmäntel reduziert, während die Beschichtung stärker ausgelegt ist.

Selbstverständlich verfügt das Triebwerk über einen Dreiwege-Katalysator, dessen Keramik-Träger besonders dünnwandig ausgebildet ist und daher eine hohe Dichte aufweist. Vor dem Katalysator kommt ein beheizter Sauerstoffsensor zum Einsatz, der im Gegensatz zu herkömmlichen Lambdasonden den Restsauerstoff-Gehalt im Abgas sehr exakt bestimmt und die Information an das Motor-Management weiterleitet. Im Ergebnis konnten die Emissionen des Aggregats noch einmal reduziert werden. Der Verbrennungsmotor ist über den Planetenträger mit dem Planetengetriebe verbunden.

Der 1,5 Liter Vierzylinder kommt mit 78 PS aus und arbeitet durch das technische Zusammenspiel von stufenlosem Getriebe und Elektromotor nahezu ständig in einem für die Abgasreinigung günstigen Wirkungsbereich. Damit das gelingt, unterstützt der 68-PS-starke Elektromotor den Verbrennungsmotor zum Beispiel beim Anfahren oder beim Beschleunigen mit seinem hohen Drehmoment, lädt ansonsten die Antriebsbatterie. Da sich die Leistungen der beiden Motoren nicht einfach addieren lassen, kommt der Prius auf eine Leistung von 113 PS – Mittelmaß für ein Fahrzeug seiner Größe, aber durchaus ausreichend. Mehr als üppig dagegen ist das Drehmoment von 478 Newtonmetern. So viel Kraft haben sonst nur große Diesel oder Achtzylinder-Benziner.

Um die Zusammenarbeit beider Motoren zu ermöglichen, kommt im Prius ein völlig neues Antriebskonzept mit dem schwungvollen Namen „Hybrid Synergy Drive" (HSD) zum Einsatz, eine Weiterentwicklung des Antriebssystems der ersten Prius-Generation. Der Antrieb erfolgt also entweder nur über den Elektromotor, nur über den Benzinmotor oder über beide Motoren, die – den Chips sei Dank – jeder Zeit so gesteuert werden, dass im Fahrbetrieb der beste Wirkungsgrad erreicht wird. Durch eine stufenlos variable Leistungsverzweigung in Form eines Planetengetriebes (ein stufenlos variables, leistungsverzweigendes Getriebe, das den Benzinmotor mit dem Generator verbindet und auch die Verbindung zum E-Motor sicherstellt) sorgt HSD für Vortrieb und erzeugt gleichzeitig elektrische Energie, die in einer Nickel-Metall-Hybrid-Batterie gespeichert wird.

Bremst der Prius-Fahrer oder lässt er das Fahrzeug an einem Gefälle einfach rollen, so arbeitet der Elektromotor als Generator und

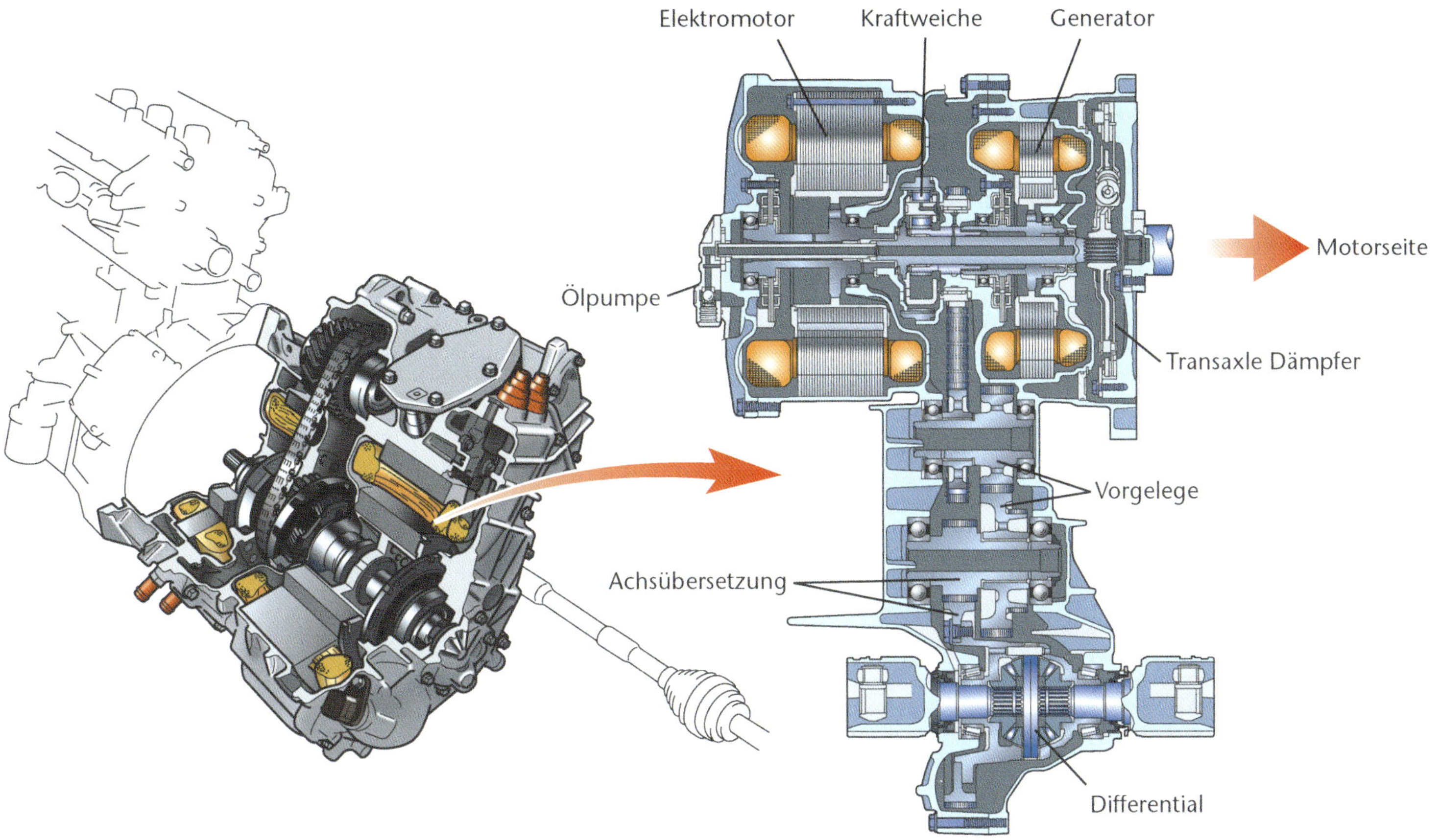

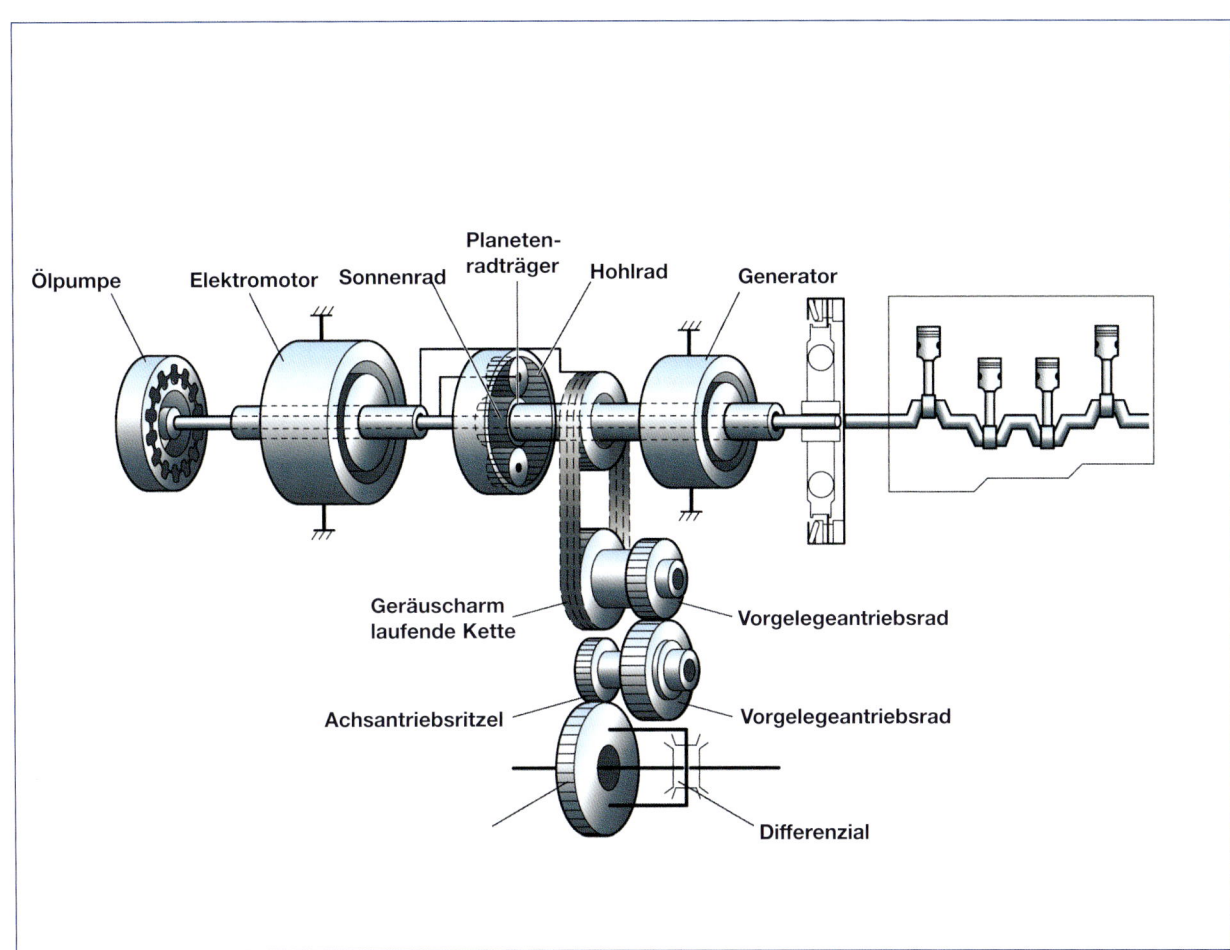

Elektromotor Kraftweiche Generator

Ölpumpe

Motorseite

Transaxle Dämpfer

Vorgelege

Achsübersetzung

Differential

Ölpumpe Elektromotor Sonnenrad Planeten-radträger Hohlrad Generator

Geräuscharm laufende Kette

Vorgelegeantriebsrad

Achsantriebsritzel

Vorgelegeantriebsrad

Differenzial

Unauffällig verpackt: Die Antriebseinheit. Vielfach gekapselt und überdeckelt, ist der 1,5 Liter große Verbrennungsmotor noch vergleichsweise konventionell aufgebaut. Der Elektromotor befindet sich unter der silbrig schimmernden Haube.

wandelt die kinetische Energie des Fahrzeugs in elektrische Energie um, die dann in der Batterie gespeichert wird. Der Verbrennungsmotor schaltet sich dabei automatisch aus. Diese Betriebsmodi können natürlich sehr schnell wechseln. Daher ist ein sehr leistungsfähiges elektronisches Energiemanagement notwendig, das ohne Komfortverlust für den Fahrer unmerklich von einem zum anderen Betriebsmodus umschaltet und dabei gleichzeitig immer ein optimales Verhalten des Benzinmotors hinsichtlich Energieverbrauch und Schadstoff-Emissionen sicherstellt.

Herzstück des Energiemanagements sind mehrere 32-Bit-Rechner und ein weit verzweigtes Kabelsystem – das Nervensystem des Prius. Am ehesten ist die technische Komplexität des Fahrzeugs mit der eines modernen Flugzeugs vergleichbar. Ähnlich wie bei einem Passagierflugzeug der neuesten Generation übernehmen elektrische und elektronische Systeme jene Aufgaben, die bislang mechanisch oder hydraulisch erledigt wurden: Mit der Erfindung des „Fly-by-wire" steuern Airbus-Piloten ihre Hunderte von Tonnen schweren Kolosse nur noch mit einem 20 Zentimeter langen Joystick. Der Prius funktioniert mit seiner „Drive-by-wire"-Technologie ganz ähnlich und soll – wie beim Flugzeug – die Bedienung vereinfachen und sicherer machen.

Steckdose überflüssig: Die regenerative Bremse

Wenn ein konventionelles Auto bremst, wird die überschüssige Energie in Wärme umgewandelt und an die Umgebungsluft abgegeben – das war zum Beispiel der Grund, warum die Sportwagen der früheren Jahrzehnte Drahtspeichenräder hatten: Nur so kam genügend Kühlluft an die Bremsen. Irgendein schlauer Kopf hat einmal ausgerechnet, dass von der Energiemenge, die bei einer Vollbremsung aus 160 km/h bis zum Stillstand in Form von Wärme verloren geht, eine kleine Wohnung problemlos zwei Wochen lang zu heizen wäre. Beim normalen Auto wird diese Energie in letztlich nutzlose Wärme umgesetzt. Der Prius nutzt sie dagegen, um sein Batterie aufzuladen.

Sein Bremssystem ECB (Electroncally Controlled Brake System) basiert auf einer elektro-hydraulisch betätigten Bremsanlage, deren Funktion mit der Bremsleistung des Hybridsystems kombiniert wird. Das Regelsystem erkennt, wie schnell und wie weit der Fahrer das Bremssystem niedertritt und bezieht je nach Bedarf die regenerative Bremse des Hybridantriebs in den Bremsvorgang ein. Für den Fahrer wird diese Verteilung nicht spürbar, da ein Hubsimulator im Hauptbremszylinder einen Gegendruck erzeugt, der ständig für ein proportionales Verhältnis von Bremsleistung und Pedaldruck sorgt: Hätte der Fahrer dieses

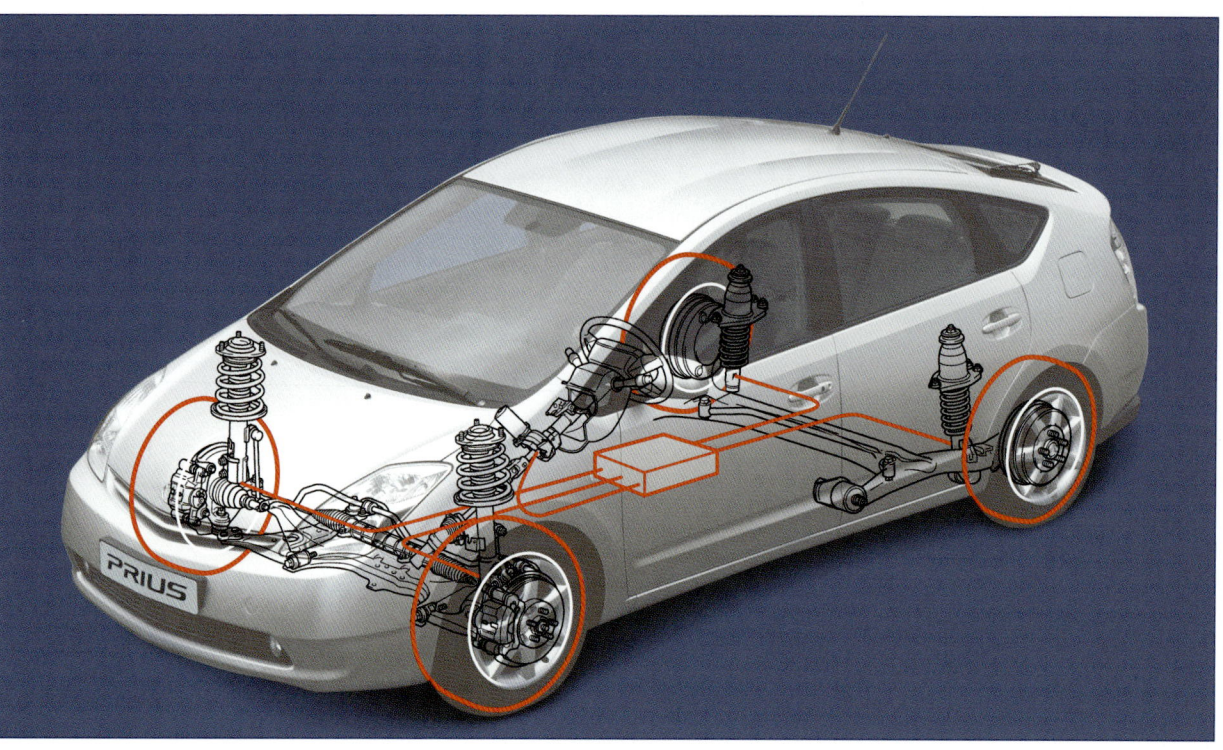

Die einzelnen Betriebsmodi

Anfahren und geringe Geschwindigkeiten

Start und Antrieb erfolgen ausschließlich über den Elektromotor, der Verbrennungsmotor bleibt ausgeschaltet. Die Energie hierzu kommt aus der Batterie

Überlandfahrt

Der Verbrennungsmotor wird über den Generator gestartet, seine Leistung verzweigt. Ein Teil steht als direkte Antriebsenergie zur Verfügung, der andere Teil treibt den Generator an, der seinerseits zusätzliche Antriebskraft für den Elektromotor generiert oder die Batterie speist. Die jeweilige Leistungsverzweigung erfolgt im Hinblick auf den höchsten erzielbaren Wirkungsgrad des Gesamtsystems: Das System entscheidet selbstständig, welcher Motor gerade zum Einsatz kommt. Der Fahrer kann dabei nicht eingreifen.

Bremsen, Schiebebetrieb und Anhalten

Hier arbeitet der Elektromotor als Generator und wandelt die kinetische Energie des Fahrzeugs in elektrische Energie um, die danach in der Batterie gespeichert wird (regeneratives Bremssystem). Der Verbrennungsmotor schaltet sich beim Bremsen, im Schiebebetrieb und beim Anhalten automatisch ab.

Batterieaufladung

Der Ladezustand der Batterie wird ständig überwacht, damit stets ausreichende Stromreserven zur Verfügung stehen. Falls erforderlich, treibt der Verbrennungsmotor den Generator an, um die Batterie aufzuladen: Der Prius ist, anders als ein Elektrofahrzeug, nicht auf Steckdosen oder sonstige Stromquellen angewiesen.

Beschleunigung

Verbrennungs- und Elektromotor arbeiten gleichzeitig als Antrieb, die Batterie stellt zusätzliche Energie bereit.

Gefühl nicht, wäre er im besten Falle irritiert und würde mit Sicherheit viel zu heftig bremsen.

Beim normalen Bremsen oder auch beim Ausrollen arbeitet der Elektromotor als Generator, der die kinetische Energie des Fahrzeugs in elektrische Energie umwandelt und in der Batterie speichert. Dabei schaltet sich der Verbrennungsmotor automatisch ab.

Sobald der Fahrer das Bremspedal betätigt, koordiniert ECB den Einsatz der elektro-hydraulischen Bremsanlage und des regenerativen Bremssystems, wobei letzteres stets Vorrang genießt: In jedem Fall ist es zunächst Batterie, die voll aufgeladen wird. Die jeweilige Bremslastverteilung zwischen beiden Systemen zielt also darauf, möglichst viel elektrische Energie zurückzugewinnen. Und das geht selbstverständlich auch bei geringen Geschwindigkeiten. Diese Energierückgewinnung ist nicht nur im Stadtverkehr besonders effektiv, sondern überall dort, wo sich Beschleunigungs- und Verzögerungsphasen ablösen. Selbst während des Ausrollens liefert der Elektromotor Energie an die Hybridbatterie, während der Verbrennungsmotor automatisch abschaltet. Lediglich dann, wenn eine vollständige Umwandlung der Bewegungsenergie gefragt ist – etwa bei steiler Bergabfahrt oder vollständiger

Ladung der Batterie – läuft der Verbrennungsmotor bei abgeregelter Einspritzanlage mit. Gleiches gilt beim Verzögern in Fahrstufe B, in der ebenfalls die Bremswirkung des Motors genutzt wird.

In vielen Situationen verzögert der Prius daher ausschließlich über die regenerative Bremse. Der Fahrer merkt davon nicht, der Prius bremst exakt so wie jedes andere Auto auch. Bei Notbremsungen allerdings wird nur über das ABS gebremst. Und vor einer Panne muss der Fahrer ebenfalls keine Sorge haben: Zur Sicherheit gibt es noch eine konventionelle Bremshydraulik, die bei einem denkbaren Ausfall des ECB in die Bresche springen kann. Angenehmer Nebeneffekt: Das elektronisch gesteuerte Zusammenspiel von Hybridantrieb und Bremsanlage ermöglichte auch eine Anfahrkontrolle für die Bergauffahrt, die ein Zurückrollen verhindert – die bei Führerscheinprüfungen so beliebte Prüfung „Anfahren am Berg" hat dank der trickreichen Elektronik jegliche Schrecken verloren.

Alles Einsteigen bitte: die Datenbus-Technik

Damit das „Nervensystem" des Prius die Unzahl an Informationen in kürzester Zeit für

Der Prius ist bis unters Dach vollgestopft mit Elektronik – und das ist in diesem Fall durchaus wörtlich gemeint. Das Mikrofon für die Sprachsteuerung sitzt am Dachhimmel.

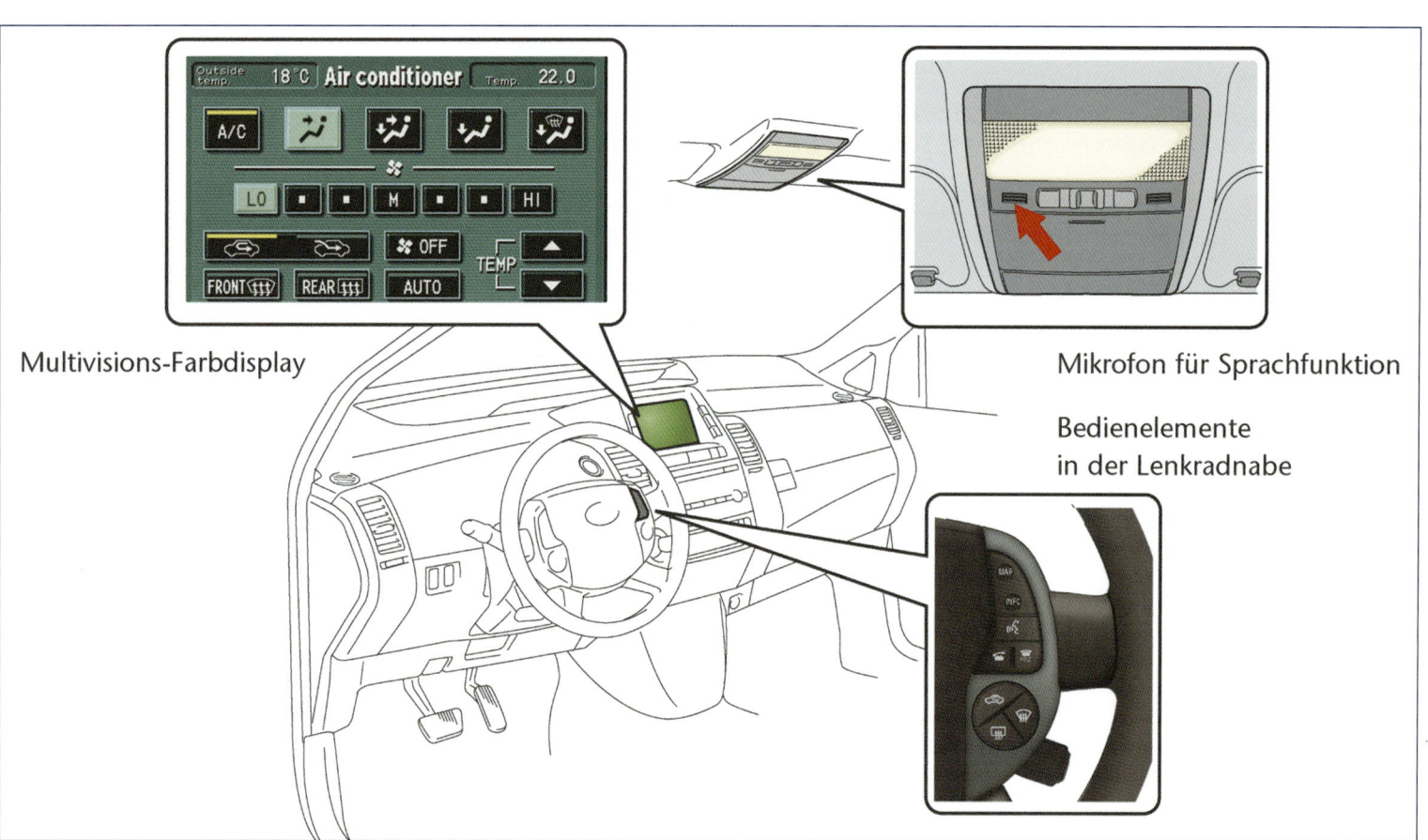

Multivisions-Farbdisplay

Mikrofon für Sprachfunktion

Bedienelemente in der Lenkradnabe

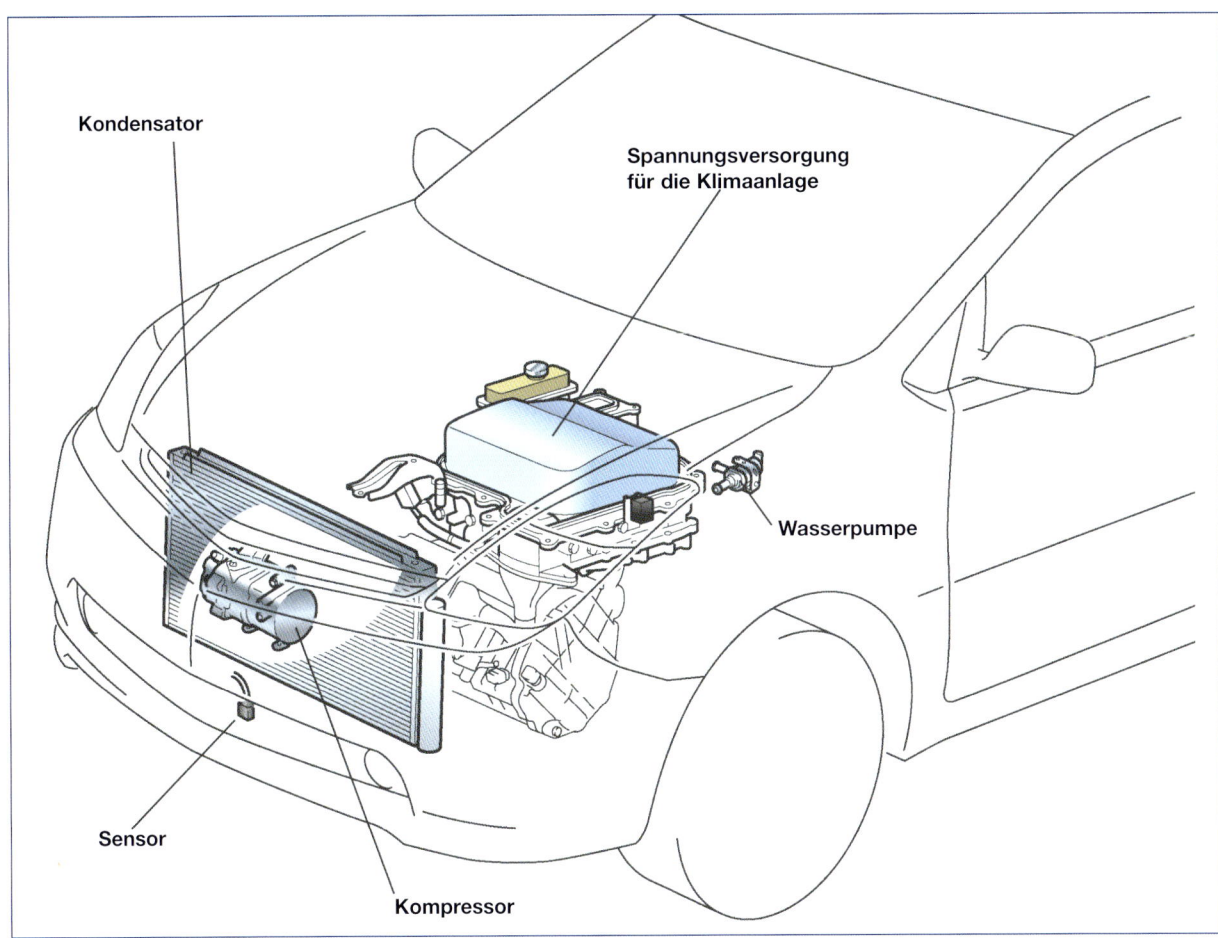

Kondensator

Spannungsversorgung
für die Klimaanlage

Wasserpumpe

Sensor

Kompressor

Das „Car of the year 2005" verfügt über einen Klimakompressor, der unabhängig vom Motor läuft. Der Hybridantrieb erfordert auch im Heizsystem neue Lösungen.

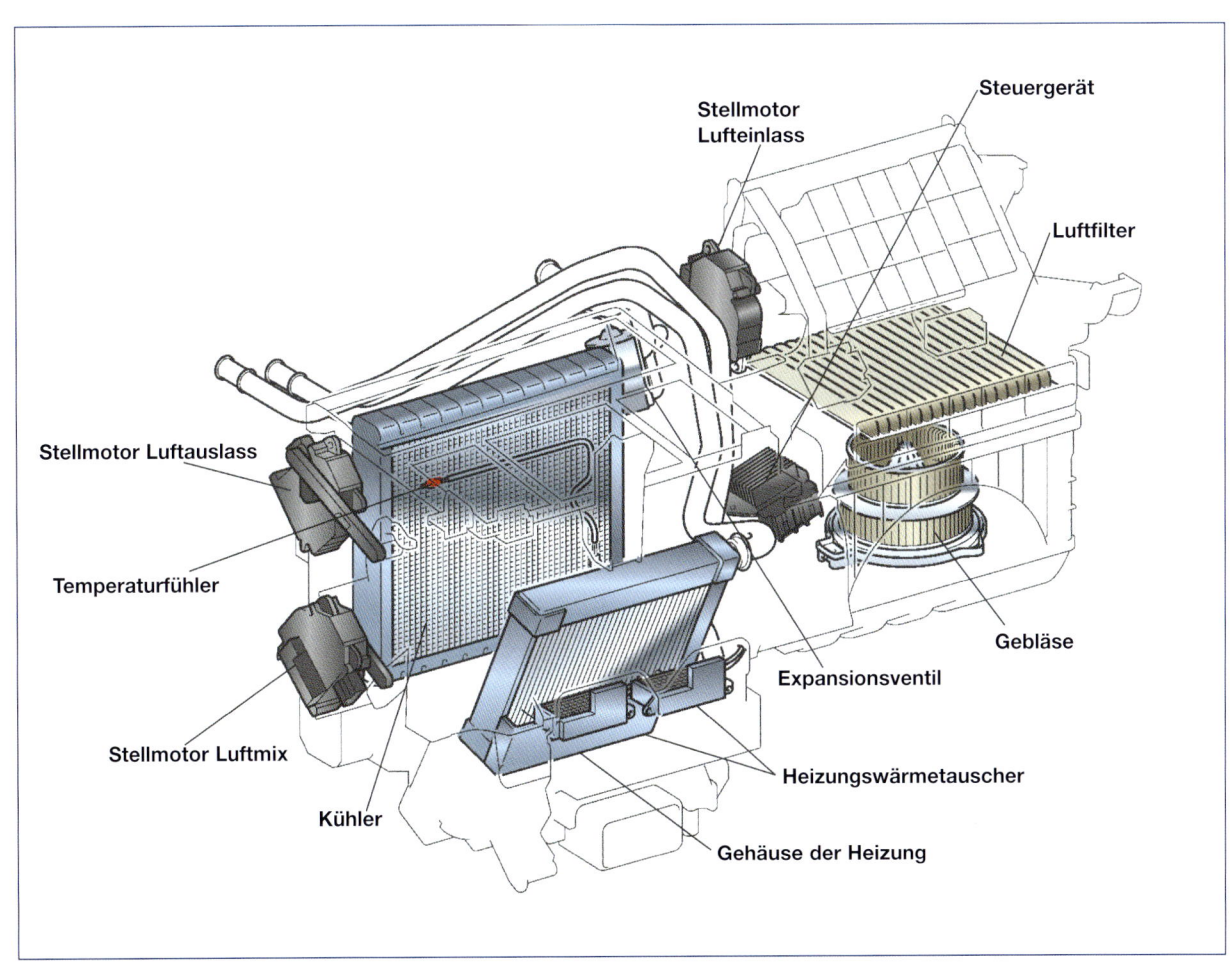

Stellmotor
Lufteinlass

Steuergerät

Luftfilter

Stellmotor Luftauslass

Temperaturfühler

Stellmotor Luftmix

Kühler

Gehäuse der Heizung

Heizungswärmetauscher

Expansionsventil

Gebläse

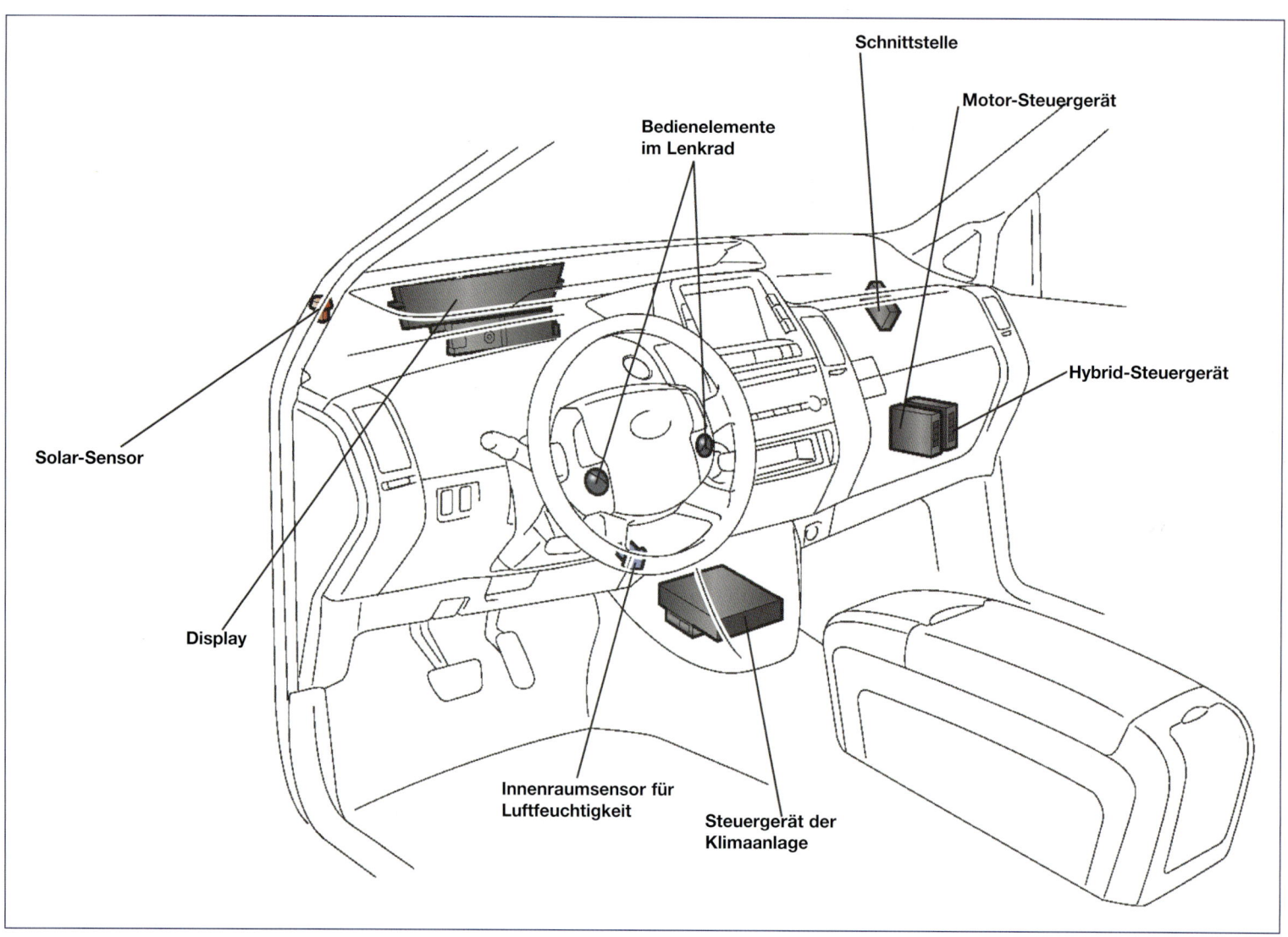

Schnittstelle

Motor-Steuergerät

Bedienelemente
im Lenkrad

Hybrid-Steuergerät

Solar-Sensor

Display

Innenraumsensor für
Luftfeuchtigkeit

Steuergerät der
Klimaanlage

Bei keinem anderen Fahrzeug sind die Systeme so untereinander vernetzt wie beim Prius. Modernste Steuertechnik sorgt für den reibungslosen Ablauf.

die Antriebssteuerung umsetzen kann, ist ein schneller und präziser Datenaustausch über ein so genanntes serielles Datenbus-Netzwerk notwendig. Toyota nutzt zu diesem Zweck die Multiplex-Technik.

Auf der elektronischen „Datenautobahn" des Prius werden digitale Informationen der Reihe nach (seriell) und in beide Richtungen über eine feinadrige Signalleitung übertragen. Dabei müssen die kommunizierenden Steuer- und Regelorgane nicht direkt miteinander verkabelt sein – es reicht vielmehr aus, wenn die einzelnen Teilnehmer an einer beliebigen Stelle auf den Datenbus geschaltet sind. Diese Lösung vereinfacht den Aufbau der Fahrzeugelektrik, reduziert den Bedarf an Kabeln und Steckverbindungen und sorgt für eine spürbare Gewichtseinsparung.

Darüber hinaus bietet die Datenbus-Technologie weitere entscheidende Vorzüge. Da jede Information mit einer Inhalt bezogenen Adressierung und einem Prioritätsvermerk versehen ist, arbeitet das

System hochflexibel und überaus präzise. Nur so ist es möglich, dass etwa die Kommunikation zwischen den Komponenten des Hybridantriebs und der Bremsanlage exakt und in Echtzeit erfolgen kann. Und das ist, wie man sich leicht denken kann, von überragender Wichtigkeit: Wer ein Vollbremsung einleitet, will sofort und unverzüglich anhalten, nicht erst ein halbe Minute später...

Außerdem erlaubt diese Technologie den Einsatz verschiedener Untersysteme, die über den Datenbus zu übergeordneten Netzwerken verbunden werden und die Funktionsvielfalt des Gesamtsystems zusätzlich erweitern.

Das „Nervensystem" des Prius umfasst im Wesentlichen drei dieser Netzwerke: Das besonders schnelle CAN (Controller Area Network) übernimmt die elektronische Steuerung für den gesamten Hybridantrieb sowie für das elektronisch gesteuerte Bremssystem ECB, das die elektro-hydraulische Bremsanlage inklusive aller Fahrdynamik-Regelungen integriert.

Sämtliche Informationen, etwa die der Lenk-winkel-, Verzögerungs- und Gierwinkel-Sensoren, werden dabei in Echtzeit verarbeitet.

Unter BEAN (Body Electronics Area Network) ist die Komfort- und Karosserieelektrik zu einem Multiplex-Kommunikationssystem zusammengefasst. Dazu zählen etwa Klimaanlage, Fensterheber, Zentralverriegelung, Scheibenwischer, Airbag-Steuerung, Instrumente und Beleuchtung. Dank der Datenbus-Technologie können die genannten Funktionen bei Bedarf an die individuellen Wünsche des Kunden angepasst werden.

AVC-LAN (Audio Visual Communication – Local Area Network) ist schließlich für das LCD-Display, die Audioeinheit und das Navigationssystem verantwortlich.

Der Vergleich mit dem Flugzeug liegt auf der Hand. Komplexe mechanische Einzelleistungen werden dank dieser Datenbus-Technologie durch ganzheitliche elektronische Regelungen ersetzt. So hat sich beispielsweise die Bremsanlage bei vielen Fahrzeugen von der bloßen Verzögerungseinrichtung zu einem integrierten Fahrdynamik-System mit ABS, EBD, VSC+ und TRC entwickelt und wird beim Prius sogar erstmals elektro-hydraulisch geregelt. Hinzu kommt die kombinierte Steuerung mit der regenerativen Bremse des Hybridsystems. Dabei

eröffnen die Signale und Eingangsgrößen der ohnehin vorhandenen Systeme immer neue Funktionsbereiche, die auch „physisch" integriert und zu einer kompakten Einheit zusammengefasst werden können.

Während des Fahrens merkt man von dem komplizierten Zusammenspiel der Technik und den Elektronen, die durch das kilometerlange Kabelnetzwerk des Prius huschen, überhaupt nichts. Frank bringt es auf den Punkt: „Der Wagen fährt sich wunderbar ruhig und macht riesig Spaß".

Schon bei unseren ersten Erkundungsfahrten am Polarkreis werden wir alle durch die Energiefluss- und Verbrauchsanzeige im Display der Mittelkonsole zum „Prius-Fahrstil" erzogen. Zügig beschleunigen, rollen lassen, Tempomat benutzen, den Schub zum Batterieladen verwenden... – das Bergabrollen mit abgeschaltetem Benziner. Dank der Elektrik geht das mit voller Lenk- und Bremsleistung und sorgt für ein völlig neues Fahr-Erlebnis.

Und das beginnt schon beim Losfahren. Zum Starten des Prius reicht bei getretener Bremse übrigens ein Druck auf den Startknopf, und das Antriebssystem ist einsatzbereit.

Der Verzicht auf den Zündschlüssel und die Benutzung des Startknopfes fällt uns immer leichter – immer vorausgesetzt, man hat wirk-

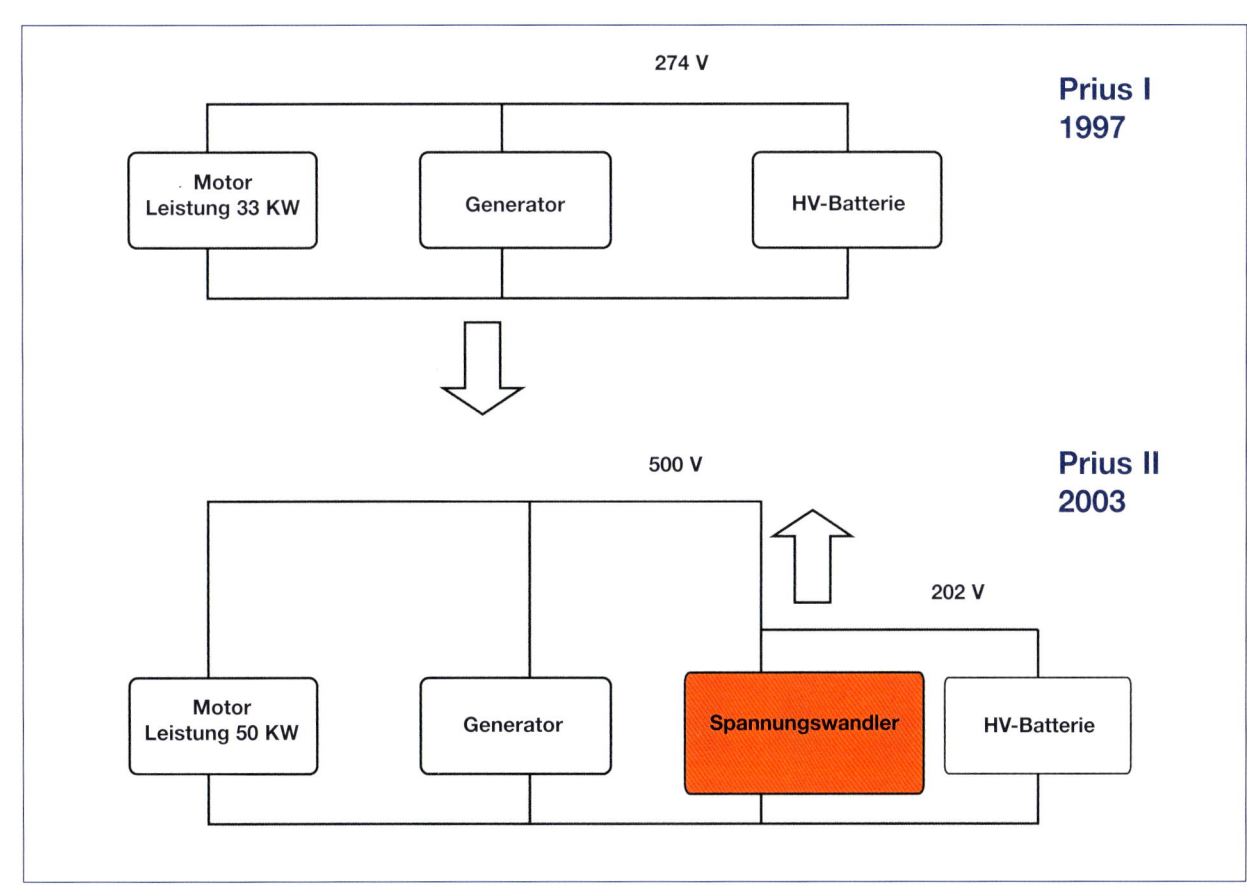

Elektrisches System

lich den richtigen Schlüssel und damit die Zugangsberechtigung in der Hosentasche. Aber wir alle müssen feststellen, dass dieses Auto viel mehr kann, als wir ihm auf den ersten Blick in die Betriebsanleitung zugetraut hätten.

Da reicht eben keine Kurzeinweisung durch Toyota-Technikus Peter.

Christian, den Fotografen von *Auto Bild* mussten wir mehrmals mit Gewalt aus dem Auto zur dringend benötigten Nahrungsaufnahme zerren, weil er gerade wieder irgendeine technische Spielerei entdeckt hatte.

Frank konnte nach einer Weile nicht mehr genug davon bekommen, sich mit der Spracheingabe des Audiosystems zu beschäftigen. Als langjährige Kollegen kennt man sich und ich weiß, wie kuschelig warm Frank es am liebsten im Auto hat. Der Prius schien das auch schnell begriffen zu haben. Franks Sprachbefehl „Temperatur erhöhen" wurde sofort umgesetzt: Die Klimaautomatik sprang auf 28 Grad! Frank war zufrieden und Marc saß ab sofort im T-Shirt neben ihm.

Auch einem weiteren grundlegenden Bedürfnis entlang unserer Reise kam die Sprachsteuerung entgegen: Auf die Eingabe „Ich habe Hunger" zeigt das Navigationssystem Restaurantsymbole links und rechts der Strecke.

Ähnlich nützlich ist die Funktion „Tankstelle". Vollautomatisch führt der Prius zur nächsten Tankstelle. Leider unterscheidet das Navigationssystem dabei nicht zwischen Straßen-Tankstellen und Boots-Tankstellen, was uns eine halbstündige Stadtrundfahrt zu vier verschiedenen Bootstankstellen in Stockholm einbrachte – und Ralf die Erkenntnis gewinnen ließ, dass der Schwede an sich wohl nur selten tankt.

Dafür genießen wir die fragenden Blick der anderen Autofahrer, wenn unsere Prius – nur vom Elektromotor angetrieben – lautlos an die Zapfsäule rollen.

Während Peter und Diana die Autos tanken stelle ich verwundert fest, dass die Klimaanlage noch läuft – trotz abgeschaltetem Motor. Eigentlich logisch: Sie wird als weltweit erstes Serienaggregat von einem elektrischen Kompressor betrieben. Daher kann die Anlage auch dann mit voller Leistung arbeiten, wenn der Verbrennungsmotor abgeschaltet ist und keinen Kraftstoff verbraucht. Das spart beispielsweise beim Ampelstopp Energie und Abgase.

Gespeist wird der Elektromotor des Kompressors von der Hybridbatterie, wobei ein nachgeschalteter Inverter die 201,6 Volt Gleichspannung in entsprechende Wechselspannung umwandelt. Erstmals ist die Klima-Automatik mit einem Luftfeuchte-Sensor kombiniert, so dass der Feuchtigkeitsgehalt im Innenraum komfortabel geregelt und eine Übertrocknung der Raumluft verhindert wird. Die elektronische Steuerung der Klimaanlage ist in der Lage, sowohl die Kompressor-Leistung als auch die Gebläseleistung stufenlos zu variieren, um Lufttemperatur und Luftvolumen exakt auf die jeweils herrschenden Bedingungen abzustimmen. Auf diese Weise wird stets nur soviel Energie verbraucht, wie für eine komfortable Klimatisierung des Innenraums notwendig ist.

Wirklich genutzt haben wir die Klimaautomatik zunächst jedoch nicht. Schon auf der ersten Etappe quer durch Finnland nach Turku gab Ralf seinem Kollegen Christian per Funk den nicht so ganz ernst gemeinten Rat:

„Schalt doch die Klimaautomatik aus... – das bringt uns noch ein paar Zehntelliter!" Was eigentlich als Witz gedacht war, führte in beiden Prius zu hektischen Aktivitäten. Klimaanlage aus, Heckscheibenheizung aus, Radio aus – alles, was nicht unbedingt zum Vorwärtskommen benötigt wird, wird ausgeschaltet. Nur das Licht bleibt an – wir sind schließlich in Finnland. Diese Sparmaßnahmen machen das Fahren zwar nicht unbedingt angenehmer, aber sie bringen uns weitere 0,2 Liter Ersparnis.

Später hat sich dabei ein regelrechter Wettbewerb entsponnen. Stolz melden wir immer wieder unseren Durchschnittsverbrauch über Funk: 4,8 Liter, 4,6 Liter, 4,5 Liter... – der Gasfuß wird immer zurückhaltender.

Christian im anderen Prius feixt durchs Funkgerät: „4,4 Liter!"

Irgendwie schafft es der *Auto Bild*-Prius immer, etwas weniger Sprit zu verbrauchen. Ist es die unterschiedliche Ausstattung der beiden Fahrzeuge? Immerhin haben wir ein Navigationssystem, die Kollegen nicht. Oder liegt es vielleicht an den Fahrern? Der Gasfuß dürfte ähnlich gut ausgebildet sein – aber wie sieht es mit dem Rest aus? Vielleicht hatten die Kollegen nicht zuletzt auch „gepäckbereinigt" einen leichten Gewichtsvorteil. Wirklich lange haben wir die Sparphase übrigens nicht durchgehalten. Bald lief nicht nur die Klimaautomatik wieder auf vollen Touren, sondern auch das Radio dudelte wieder mehr oder weniger fröhliche finnische Popmusik. Trotzdem konnten sich die Werte sehen lassen: 4,8 Liter.

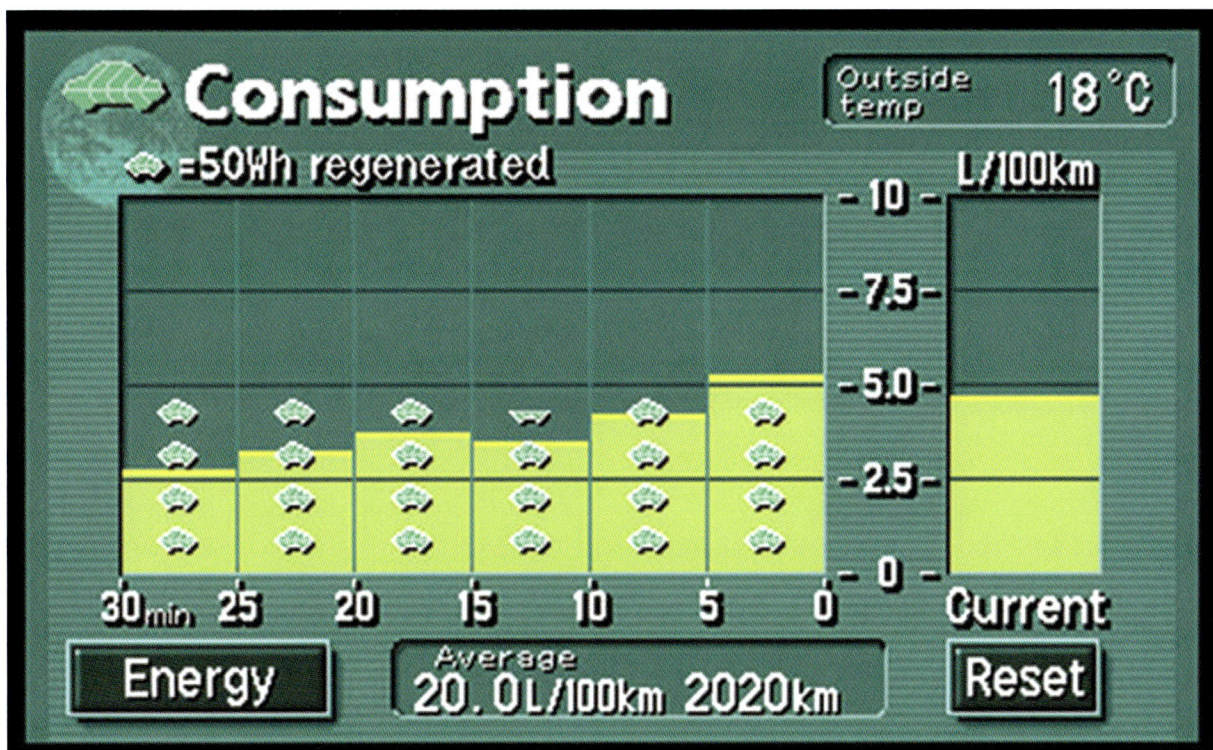

Sauber, sauber: Die Abgasbilanz

Noch beeindruckender als die Verbrauchswerte des Prius sind seine Emissionswerte: Was den HC- und NOX-Ausstoß betrifft, unterschreitet er die Schadstoffgrenzwerte der Euro 4-Norm für Benzinmotoren um 88,8 Prozent, die Grenzwerte für Dieselmotoren werden gar um 93 Prozent unterboten. Der CO_2-Ausstoß beträgt bei modernen Dieselfahrzeugen dieses Segments im Mittel 145 bis 155 g/km. Beim Prius liegt dieser Wert bei 104 g/km. In plastischen Zahlen veranschaulicht: Bei einer jährlichen Laufleistung von 20.000 Kilometern beruhigt der Prius unser Umweltgewissen mit rund einer Tonne weniger Kohlendioxid-Ausstoß in die Atmosphäre im Vergleich zu einem ähnlich leistungsstarken Diesel. Das lässt den umweltbewussten Fahrer sicher nachts besser schlafen, zahlt sich leider aber in Deutschland sonst noch nicht so recht aus. In unserem Land gibt es nämlich derzeit nur die Euro-4-Befreiung bis 2005.

Im europäischen Umland sieht das ganz anders aus: England lockt mit einem Erlass der Citymaut in London, Frankreich bietet 1524 Euro Steuervergünstigung, gefolgt von Polen mit 1713 Euro und Griechenland mit 3328 Euro. Die diesbezüglich umweltfreundlichsten Steuergesetze findet man in den Niederlanden: 7.562 Euro Steuerersparnis beim Kauf eines Prius – so macht Ökologie Spaß!

In den USA, wo Hybrid Autos extrem populär sind, wird in Los Angeles in Zukunft als Hybridauto-Besitzer wohl noch nicht einmal mehr die Parkuhren füttern müssen. Sacramento plant die so genannten Carpool Lanes, die bisher für Fahrzeuge mit mindestens zwei Passagieren frei sind, für Hybrid Autos generell zu öffnen.

Die wahren Stärken des Hybridsystems lernen wir eigentlich erst abseits der Autobahn kennen. Die ersten drei Etappen unserer Reise führten meist auf ebenen Landstraßen und schnurgeraden Autobahnen gen Süden. Nach den Tempolimits Skandinaviens genießen wir es regelrecht, mit durchgetretenem Gaspedal durch Deutschland zu jagen. Zeitweise sind es 170 km/h, viel mehr ist nicht drin. Aber das Ganze soll ja ein realistischer Praxistest sein – und dazu gehört eben auch, dass man es manchmal eilig hat!

Und wir haben es eilig: Vier Fototermine haben wir auf unserer ohnehin schon recht langen Deutschland-Etappe von Hamburg nach München geplant. Der Weg über die kurvigen Landstraßen Nordhessens zur Fachwerkidylle von Bad Sooden-Allendorf wird zum Erlebnis. Trotz des ständigen Bergauf und Bergab schwankt der Bordcomputer zwischen 4,0 und 4,2 Liter.

Die Augen hängen fasziniert am Bildschirm in der Mittelkonsole.

Plötzlich wird die Batterie grün.

Ist was kaputt?

Toyota-Technikus Peter beruhigt uns: „Das ist völlig normal. Die Statusanzeige des Akkus wechselt ihre Farbe, sobald volle Aufladung erreicht ist. Auf den langen Ebenen im hohen Norden kam das wahrscheinlich nicht so oft vor..."

Immer wieder sorgt das nordhessische Bergland auch für kleine grüne Autos. Die erscheinen immer dann im Zentraldisplay, wenn man 50 Wattstunden an Energie regeneriert hat. Der Wettbewerb zwischen den beiden Prius hat also eine neue Form gefunden. Für die nächsten Kilometer bis nach Fulda wird hartnäckig immer wieder die Anzahl der kleinen grünen Autos per Funk durchgegeben.

Diana verspricht zunächst mitzuzählen, schläft aber später auf dem Beifahrersitz eines der Begleitfahrzeuge ein.

Kleine grüne Autos sind eben fast so gut wie Schäfchen.

Runde Sache:
Generator und Hybrid-Batterie

Ohne Generator und Batterie gibt es keine kleinen grünen Autos. Der Generator des Hybrid-Systems erzeugt den Ladestrom und liefert den entweder direkt an den Elektromotor oder an die Batterie. Er hat aber noch mehr zu tun, er dient zum Beispiel als Anlasser für den Benzinmotor. Den bei normalen Autos notwendigen Anlasser ist hier also gar nicht nötig, das spart wieder Gewicht und damit letztlich auch Energie.

Als Speichermedium für die elektrische Energie nutzt der Prius eine Nickel-Metallhydrid-Batterie (Ni-MH). Der vergleichsweise kompak-

te Akku ist im Gepäckraum untergebracht und hat mit den relativ leistungsschwachen, schweren und kurzlebigen Batterien früherer Jahrzehnte nichts mehr zu tun. Wir konnten es zwar noch nicht prüfen, aber Toyota spricht von einer „dem Gesamtfahrzeug entsprechend langen Lebensdauer" – was wiederum ein Argument der Hybrid-Gegner entkräftet, die gerade auch diesen Punkt (nämlich den der Langlebigkeit eines solchen Systems) immer wieder gerne vorbringen.

Da während der Lade- und Entladezyklen Wärme entsteht, sorgt die Batterie-Steuereinheit über ein stufenlos geregeltes Gebläse für eine angemessene Kühlung und Entlüftung des Energieblocks. Dabei werden zahlreiche Sensor-Informationen berücksichtigt.

Kamen im Vorgängermodell noch 38 Module mit je 6 Zellen, insgesamt also 228 Zellen, zum Einsatz, weist die neue Batterie nur noch 28 versiegelte Module mit insgesamt 168 Zellen auf. Dank dieser Verbesserung konnten die Toyota-Ingenieure einen um 15 Prozent kompakteren und 25 Prozent leichteren Akkumulator realisieren. Eine neue Verbindungsstruktur zwischen den Zellen reduziert zudem den Innenwiderstand der Batterie. Die Nennspannung beträgt 201,6 Volt Gleichstrom, die Kapazität liegt bei 6,5 Ah. Viel wichtiger aber ist die Fähigkeit des Akkus, kurzfristig hohe Energieströme abzugeben und wieder aufzunehmen.

Bis zu 25 kW Entnahme und 20 kW Aufladung sind kein Problem.

Daher ist die Leistungsdichte der Batterie (das ist die entnehmbare elektrische Leistung, gegenüber dem Vorgängermodell) um 35 Prozent gestiegen. Bezogen auf das Gesamtgewicht setzt der Prius-Akkumulator daher die Weltbestmarke. Dieser technologische Fortschritt ist um so entscheidender, als dass die Leistungsdichte der Batterie im Wesentlichen die erzielbaren Fahrleistungen während des Elektroantriebs bestimmt.

Um unter allen Betriebsbedingungen eine optimale Funktionsfähigkeit sicherzustellen, werden Temperatur, Spannung, Stromstärke und etwaige Kriechströme permanent von der elektronischen Batterie-Steuerung überwacht. Unter Berücksichtigung des Lade- und Entladestroms ermittelt die Elektronik den Ladezustand der Batterie und gibt die Informationen an das System-Management des Hybridantriebs weiter. Dort werden Ladung und Entladung so gesteuert, dass der Ladezustand der

Als Speichermedium für die elektrische Energie dient eine Nickel-Metallhybrid-Batterie. Der kompakte Aku besteht aus 28 versiegelte Modulen. Er weist eine um 35 Prozent höhere Leistungsdichte auf als das Vorgängermodell, das heißt: Die entnehmbare elektrische Leistung (und nur diese entscheidet über die erzielbaren Fahrleistungen im Elektrobetrieb) ist um dieses Maß gestiegen.

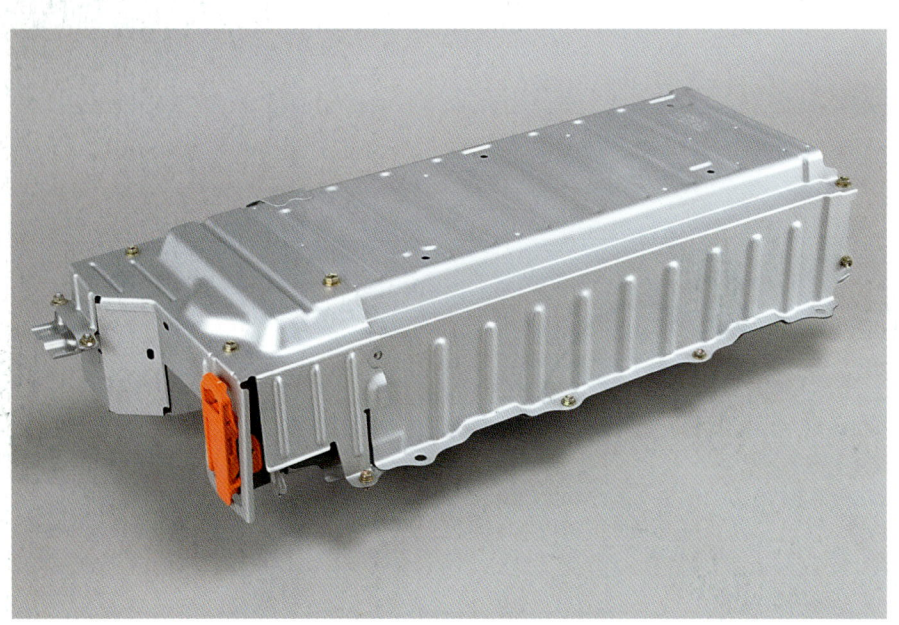

Das Reyclingsystem der Prius Batterie

Der Prius Kunde

Ganzes Auto

Verunfalltes oder abgestelltes Fahrzeug

Ganzes Auto

Unabhängige Händler

Ganzes Auto

Prius wird zum Batterieausbau zum Händler gegeben

Entsorgungs-fachbetrieb

Entnimmt Batterie aus dem Fahrzeug

Toyota Händler

Transport zum Prius Händler

Spezialisierte Prius Händler
(in einigen Ländern)

Ausbau der Batterie und Zerlegung in Module

Fachentsor-gungsbetrieb

Regelmäßige Abholung mit anderen Wertstoffen

Aufbereitungs-firma

Zerlegung der Module falls nötig

Prius Batterie

Recycling am Beispiel des Corolla: Beim Prius ist der Anteil an wiederverwert-barem Material noch höher

Laderaumabdeckung

Kühlergrill

Batteriefach

Unterboden

Radhäuser

Motorabdeckung

Lufteinlassgrill

COROLLA

Batterie konstant auf dem angestrebten Niveau gehalten wird. Gespeist wird die Batterie entweder vom Generator (Fahrbetrieb) oder vom Elektromotor (Bremsen und Verzögern). Aus Sicherheitsgründen liegt die Hybridbatterie zwischen den Hinterrädern und damit außerhalb der Aufprallzone; außerdem wird, dank entsprechender Sensorik, die Batterie bei einem Crash vom elektrischen System entkoppelt.

Keine Hexerei, nur Physik

Ein Spannungswandler transformiert die Batteriespannung auf eine 500 Volt hohe Gleichspannung, die von einem nachgeschalteten Inverter in Drehstrom zum Antrieb von Elektromotor und Generator gewandelt wird. Durch diese Spannungsanhebung wird das Leistungspotenzial und der Wirkungsgrad des Gesamtsystems zusätzlich gesteigert: Verluste in elektrischen Leitungssystemen sind eng mit der Stromstärke verbunden. Hintergrund ist die Tatsache, dass bei der Übertragung großer Ströme ein Teil der Leistung als Wärme verloren geht. Aus der Formel
„Elektrische Leistung (P) = Spannung (U) x Stromstärke (I)" folgt, dass bei konstanter Leistung die Verdopplung der Spannung eine Halbierung der Stromstärke bedingt. Nach dem Joulschen Gesetz
„Wärme in Kalorien = $I2$ x Widerstand (R)" gilt weiterhin, dass dabei die durch Wärme bedingten Verluste auf ein Viertel reduziert werden, sofern der Widerstand im Leitungssystem konstant bleibt.
Der Prius macht sich diese Gesetzmäßigkeit in zweierlei Hinsicht zunutze: Bei konstanter Stromstärke bedingt die höhere Spannung einen Leistungszuwachs, während bei konstanter Leistung eine Senkung der Stromstärke und damit eine Reduzierung der Leistungsverluste einher geht.

Das Ergebnis all dessen ist immer wieder verblüffend: Wird – wie beispielsweise auf der Gardasee-Halbinsel Sirmione – der so genannte EV-Knopf gedrückt, so bewegt sich der Prius nahezu lautlos, wie von Geisterhand bewegt durch die malerische Kulisse des Scaliger-Ortes. Bis zu zwei Kilometer lang können wir das Gleiten genießen und ernten dabei interessierte Blicke von Touristen aus aller Welt. Den einen oder anderen haben wir dabei auch etwas erschreckt: Zu sehr ist das menschliche Gehör auf Motorengeräusche konditioniert. Wo kein Motor brummt, da darf kein Auto fahren. Wo kein Motor brummt, da kann man also auch ohne nach rechts oder links zu sehen einfach über die Straße gehen.

Am Ende aller Fahrten:
Prius und Recycling

Ein Fahrzeug, das sich wie der Prius den Umweltschutz und den schonenden Umgang mit Ressourcen ins Blech hat pressen lassen, sollte auch beim Recycling neue Wege beschreiten. Bereits seit über zehn Jahren recycelt Toyota konsequent Bauteile aus Altfahrzeugen. So weit dies möglich ist, versucht der Hersteller Rohstoffe weitestgehend zu erhalten und so effektiv wie möglich einzusetzen. So werden selbstverständlich auch im Prius wieder verwertbare Materialien eingesetzt. Die Recyclingquote liegt bei über 90 Prozent. So bestehen beispielsweise die Türverkleidungen, die Stoßfänger und die Dachsäulen-Verkleidungen aus einem speziell von Toyota entwickelten Kunststoff mit dem Namen Super Olefin Polymer, der sich ohne Qualitätseinbußen vielfach wiederaufbereiten lässt.
Mit Rücksicht auf die Umwelt wurde auch die zur Produktion verwendete Bleimenge stark reduziert und die Entwicklung von bleifreien Teilen gefördert. Um die Wertstoffrückgewin-

Umweltschutz und Recycling groß geschrieben: Die Recyclingquote beim Prius liegt bei über 90 Prozent. So bestehen beispielsweise Türinnenverkleidung, Stoßfänger und Dachsäulenverkleidung aus einem speziellen Kunststoff, einer Toyota-Entwicklung, die sich vielfach wiederaufbereiten lässt.

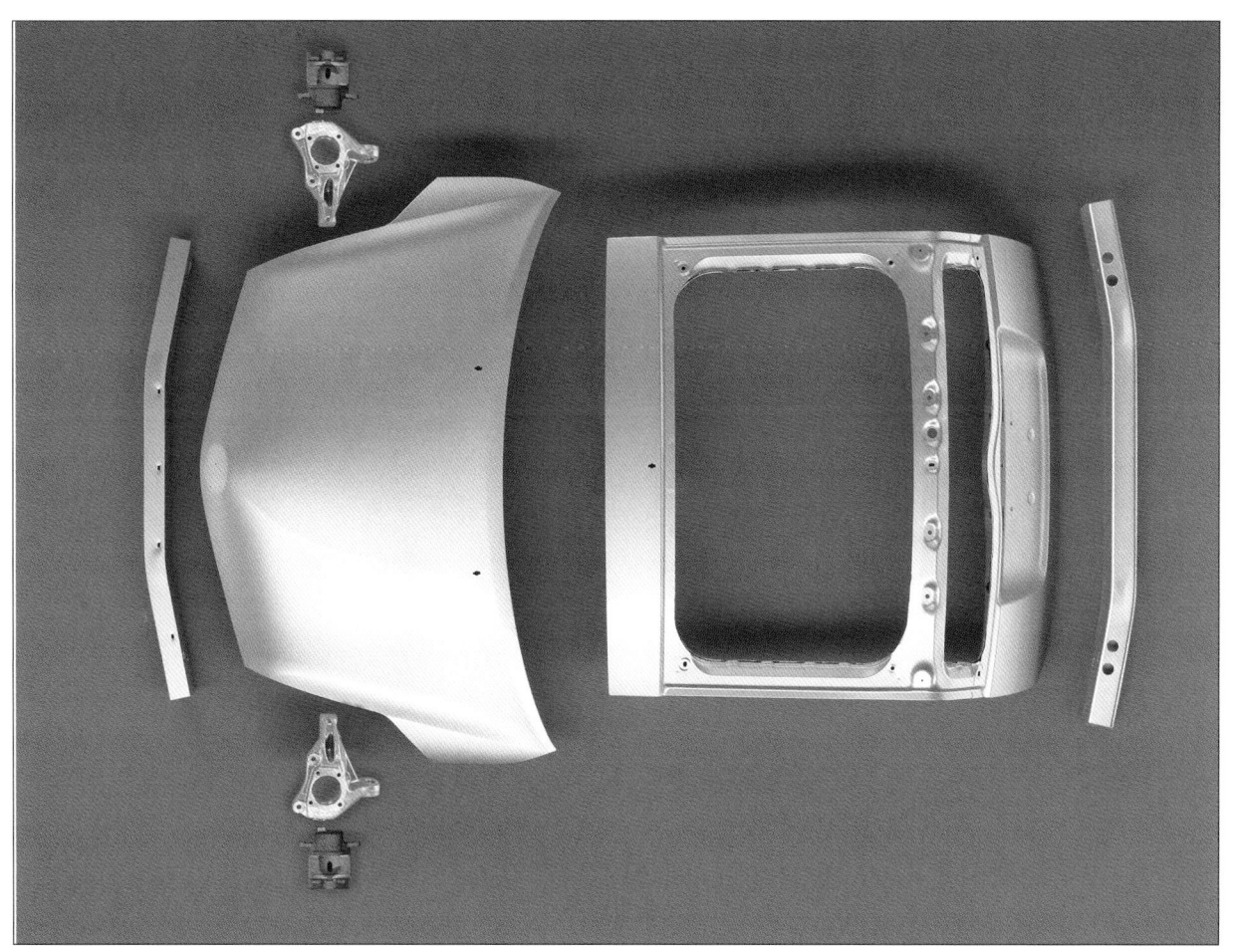

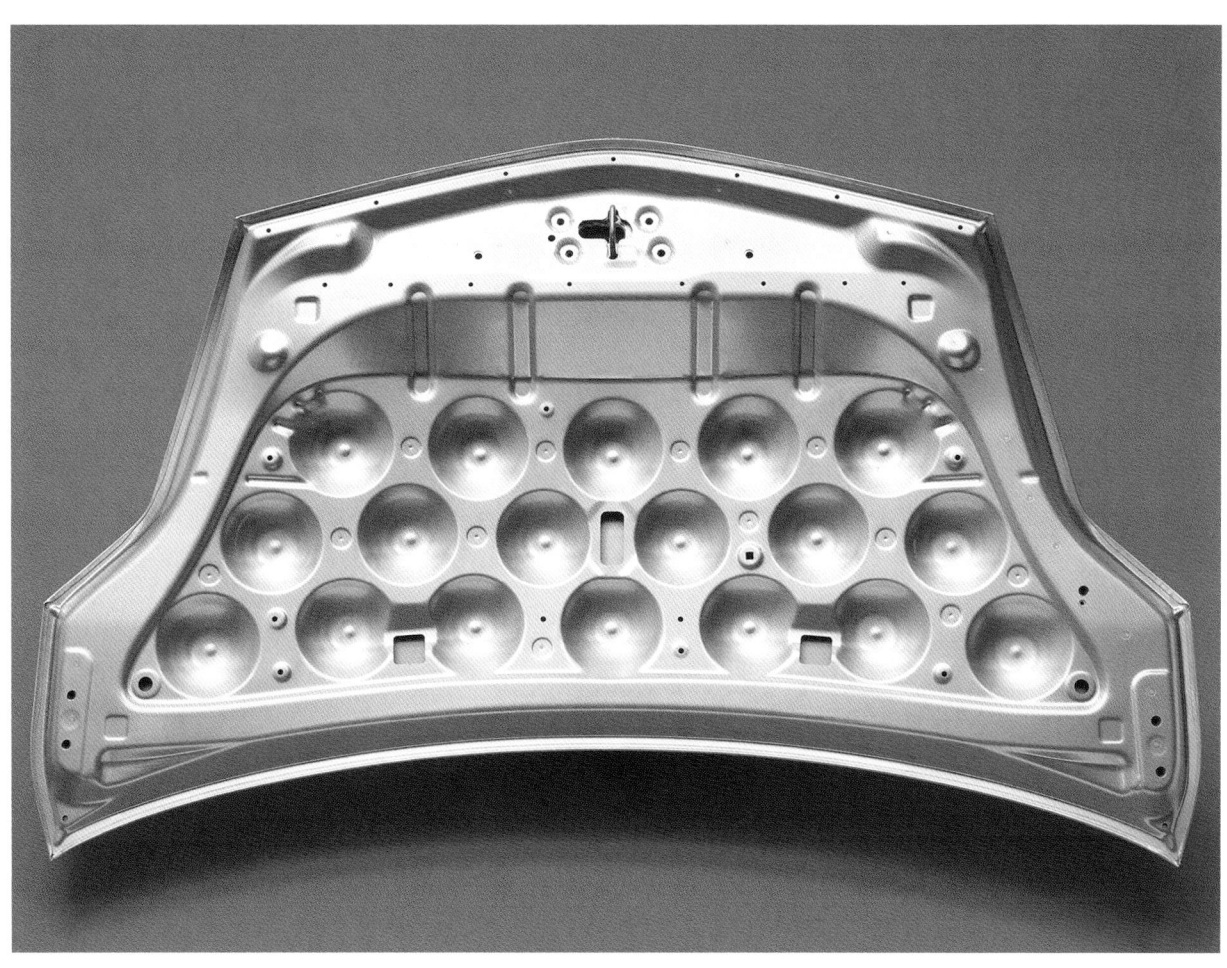

Seine Erbauer haben strikt auf Diät geachtet: Trotz seiner Größe und der Vielzahl an komplizierter Technik, die in ihm steckt, wiegt der Prius leer lediglich 1300 Kilogramm. Der Einsatz von Aluminiumkomponenten half dabei mit.

Der Prius ist das erste Hybridfahrzeug, das dem Euro NCAP Crash-test-Verfahren unterzogen wurde. Das Ergebnis ist mit fünf von fünf möglichen Sternen hervorragend. Die Sicherheitsausstattung ist beispielhaft, insgesamt sind sechs Airbags mit an Bord.

Zum guten Ergebnis bei den NCAP-Tests trägt natürlich die extrem verwindungssteife und dennoch leichte Sicherheits-Karosserie bei. Im Fall einer Frontalkollision wird die Aufprallenergie von den hinter dem Stoßfänger liegenden Querträgern in die Längsträger, in die Türschweller in den Kardantunnel sowie die Türverstärkungen eingeleitet.

nung zu vereinfachen, kommen zudem bei allen Kabelsätzen Drähte und Isoliermaterialien zum Einsatz, die halogenfrei sind, also ohne Chlor und Brom auskommen. Bei all ihren Bemühungen ist es den Ingenieuren dabei gelungen, den Prius als Leichtgewicht zu verwirklichen. Damit ist eines der Hauptargumente der Kritiker der Hybridtechnik entkräftet worden. Der zusätzliche Elektroantrieb – so hieß es immer wieder – erzeugt Mehrgewicht, das nur durch konsequenten Leichtbau mit aufwändigen Magnesium- und Aluminiumteilen wieder ausgeglichen werden kann.

In Wahrheit verzichtet der Prius weitgehend auf solche Teile. Leichtbau ja – aber nicht um jeden Preis.

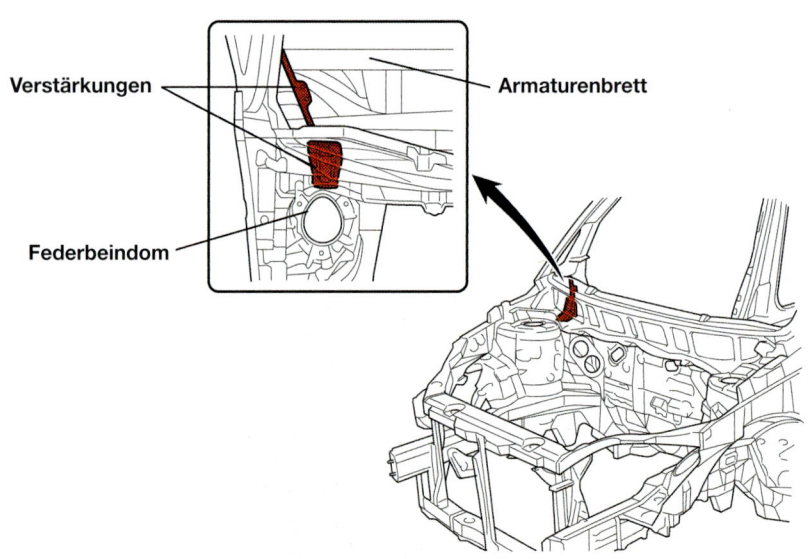

Verstärkungen

Armaturenbrett

Federbeindom

Auf gar keinen Fall sollte an der Sicherheit gespart werden. Entspanntes Fahren setzt auch Vertrauen in die Sicherheit eines Fahrzeugs voraus. Und so legten die Ingenieure ihr Augenmerk unter anderem auf eine extrem verwindungssteife und dennoch leichte Sicherheits-Karosserie. Im Falle einer Frontalkollision wird die Aufprallenergie von den hinter dem Stoßfänger liegenden Querträgern in die Längsträger, in die Türschweller, in den Kardantunnel sowie in die Türverstärkungen eingeleitet. Nach dem gleichen Prinzip wird die Aufprallenergie auch bei einer Seitenkollision verteilt. Zu diesem Zweck verstärkte Toyota die Flankenschutzrohre aus hochfestem Stahl. Zudem halten robuste Stahlholme in den Türen die bei einem Seitenaufprall einwirkenden Kräfte von den Insassen fern. Die Energie absorbierende Struktur der Vordersitzlehnen hält im Falle eines Aufpralls durch das WIL-System (Wiplash Injury Lessening) Kopf und Oberkörper in einer optimalen Position zueinander und verringert das Risiko von Schleudertraumata. Das Airbagsystem umfasst zweistufig auslösende Frontairbags, Seitenairbags für Fahrer und Beifahrer, sowie große seitliche Kopfairbags, die im neuen Prius auch im Fond zum Einsatz kommen und größtmögliche Sicherheit gewährleisten.

Um diese Sicherheitssysteme zu optimieren, nutzten die Ingenieure die neue Elektronikarchitektur des Prius. Das Ergebnis ist ein elektrisches und elektronisches Sicherheitssystem, das blitzschnell, äußerst präzise und zuverlässig arbeitet. Dazu gehören auch so unscheinbare Details wie Bremsleuchten: Der Prius verfügt über moderne LED-Bremslichter, die rund zwanzig Mal schneller aufleuchten als konventionelle Glühlampen. Was für uns nur ein Wimpernschlag bedeutet, kann im Ernstfall entscheidend sein:

Bei einer Geschwindigkeit von 100 km/h wird der nachfolgende Verkehr sechs Meter früher über den Bremsvorgang informiert und kann reagieren!

Der Hybridantrieb steht aber erst am Beginn seiner Karriere. Welches Potenzial noch in ihm schlummert, beweist die Studie Prius GT, die im September 2004 auf dem Pariser Salon ihr Europa-Debüt gab.

Beim GT handelt es sich um eine Hochleistungsstudie, die weder in Serie gehen, noch im Motorsport eingesetzt werden soll. Den Toyota-Mannen geht es darum, die Vielseitigkeit der Hybrid-Technologie unter Beweis zu stellen, ohne dass der geringe Schadstoffausstoß und die hohe Umweltverträglichkeit darunter leiden. Überdies, so verkündet die Pressemappe, verspricht der Prius GT ein „spritziges Leistungspotenzial" und ein „Maximum an Fahrspaß".

Das lässt einiges erwarten, schließlich hatten wir auf unserer Tour nie das Gefühl, ein rollendes Verkehrshindernis zu sein, und Fahrspaß gab es auch, jede Menge sogar.

Die Pressemappe verspricht das Leistungspotenzial eines Sportwagens. Das ist vielleicht einig wenig zu hoch gegriffen, doch der Leistungsanstieg um gut 30 Prozent allein für den Benzin-Motor kann sich durchaus sehen lassen: 99 statt 77 PS – kein schlechter Wert für ein konventionelles 1,5 Liter-Triebwerk. Auch die Elektrik des Hybrid-Systems wurde optimiert. Die Systemspannung beträgt 550 Volt und liegt damit um 50 Volt über der Serienversion. Das macht den Weg frei für den Einsatz eines stärkeren Elektromotors, der jetzt 82 PS leistet. Viel Feinarbeit steckt auch im Energiespeicher, die Batterie ist nun gut für eine Leistung von nun 34 kW beziehungsweise 46 PS. Dies entspricht einem Plus von 9 kW oder 12 PS. Überdies beträgt die Maximaldrehzahl des Generators nun 12.000 statt 10.000 U/min. Im Endeffekt leistet der 1,5 Liter Benziner in Verbindung mit dem Elektromotor stattliche 145 PS und damit deutlich mehr als herkömmliche Benzin- oder Dieselaggregate gleichen Hubraums. Die Literleistung der Antriebseinheit liegt bei nahezu 100 PS pro

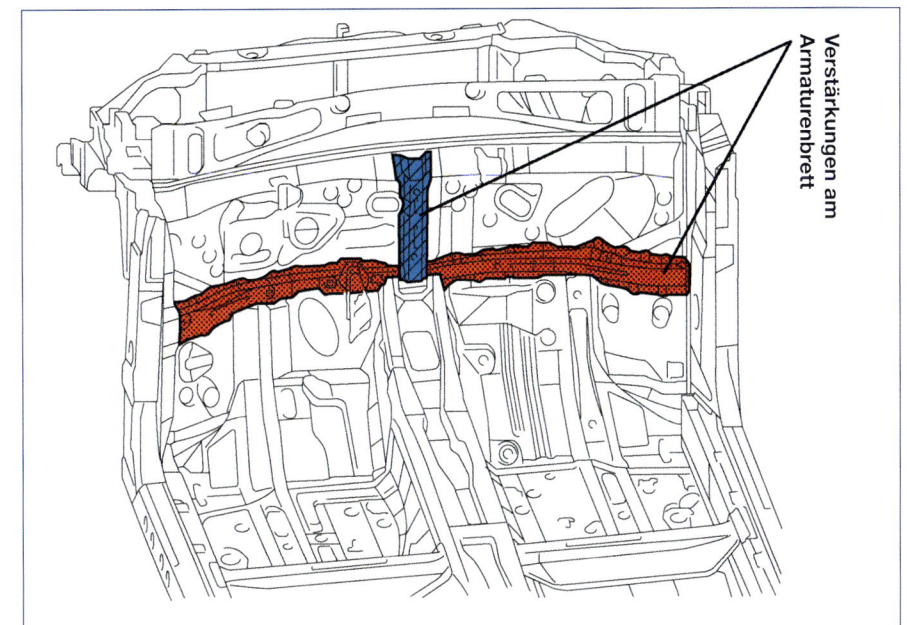

Verstärkungen am Armaturenbrett

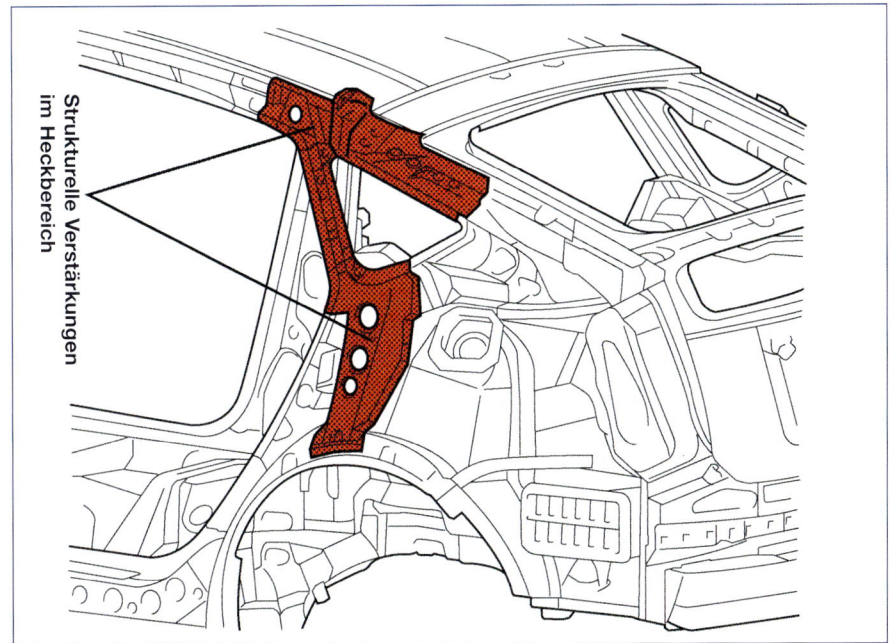

Strukturelle Verstärkungen im Heckbereich

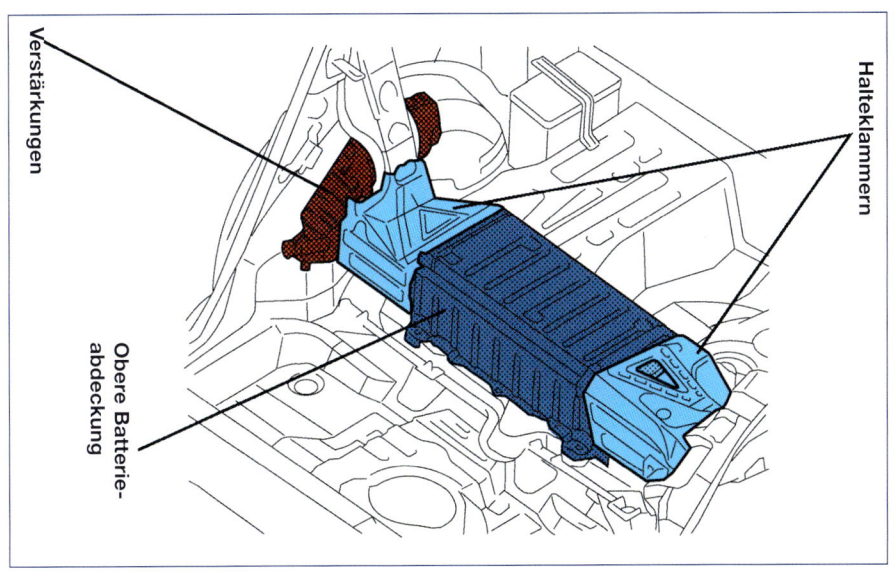

Verstärkungen

Obere Batterieabdeckung

Halteklammern

Liter, ein Wert, der bis vor Jahren noch als Merkmal reinrassiger Sportwagen galt.

Trotz der bemerkenswerten Leistungssteigerung hielten sich die erforderlichen Maßnahmen in Grenzen. Verbrennungs- und Elektromotor sowie Generator und Batterie stammen nämlich aus dem serienmäßigen Prius, weisen aber, wie gesagt, einen höheren Wirkungsgrad auf.

Nicht ganz dem Serienzustand dagegen entspricht das Fahrwerk. Hier verbessern optimierte Stoßdämpfer, Federn und Stabilisatoren die Handlingeigenschaften und Straßenlage. Nicht etwa dass es in dieser Beziehung beim normalen Prius etwas zu bemängeln wäre, schließlich ist auch bei diesem die Hybridbatterie über der Hinterachse platziert ist, was für eine nahezu optimale Gewichtsverteilung sorgt. Der Prius GT ist schließlich mit den gleichen Reifen ausgerüstet, die auch dem Toyota Celica Bodenhaftung verleihen.

Die optischen Unterschiede zur Serie sind ebenfalls nur gering und beschränken sich auf die Anbringung von entsprechendem Frontspoiler und Seitenschürzen. Spartanischer geht es dagegen im Innenraum zu; zur Ausstattung zählen zwei Sportsitze mit Hosenträgergurten sowie ein Überrollkäfig.

Im Ergebnis bringt der Prius GT lediglich 1.120 kg auf die Waage. Er ist damit um 180 kg leichter als die Serienversion. Das wirkt sich natürlich auf die Fahrleistungen aus, so dass der Prius GT für den Spurt von 0 auf 100 km/h lediglich 8,7 Sekunden benötigt: So einen Flitzer hätten wir auf unserer Reise gut gebrauchen können.

Oder eher nicht.

Wir waren sowieso schon viel zu rasch am Ziel.

Fährt so die Zukunft?

Selten hat ein neuer Wagen so für Schlagzeilen gesorgt wie der Prius. Und das nicht nur in der Automobilpresse: Spiegel, FAZ, Welt am Sonntag – mit dem Prius wird der Hybridantrieb zum Tagesgespräch. Und das liegt nicht nur an den ständig steigenden Ölpreisen

Nicht für den Serienbau vorgesehen: der Prius GT, der auf dem Pariser Salon 2004 in Europa vorgestellt wurde.

oder den Versäumnissen der deutschen Automobilindustrie, die bislang noch öffentlich den Hybrid nach wie vor ablehnt, hinter den Kulissen aber mit Hochdruck an eigenen Hybriden arbeitet oder aber gleich mit Toyota wegen einer Übernahme des Antriebssystems verhandelt.

Wie sehr der Hybridantrieb auch von den Kunden akzeptiert wird, beweist die ungebrochene Nachfrage. Die Absatzzahlen des Prius steigen schneller als erwartet. Nachdem das neue Modell schon 2003 in Japan und den USA verfügbar war, begann die schrittweise Markteinführung auf den europäischen Märkten im Januar 2004. Der Erfolg des neuen Prius auf dem Weltmarkt hat mit 60.000 verkauften Einheiten allein im ersten Halbjahr 2004 alle Erwartungen übertroffen.

Bis zur Präsentation des neuen Prius Ende 2003 hatte sich das Vorgängermodell innerhalb von sechs Jahren über 120.000 Mal verkauft, vom neuen Prius wollte Toyota in den ersten beiden Verkaufsjahren weltweit 76.000 Fahrzeuge verkaufen und monatlich 3.000 verkauften Einheiten in Japan – damals ein ehrgeiziges Ziel.

Dann aber wurde der neue Prius in Japan allein im Mai 2004 exakt 5.806 Mal verkauft – er stieß damit in die Top Ten der Zulassungsstatistik vor. Doch nicht nur in Japan entwickelte sich die Nachfrage stärker als erwartet.

In den USA sah das ursprüngliche Produktionsziel 36.000 Einheiten für 2004 vor. Angesichts von 12.000 Bestellungen schon vor der Markteinführung Mitte Oktober und circa 10.000 ausgelieferten Fahrzeugen innerhalb der ersten sechs Verkaufswochen beschloss Toyota Ende 2003, das jährliche Kontingent für den US-Markt auf 47.000 Einheiten aufzustocken. Doch selbst diese Produktionssteigerung im Werk Tsutsumi reicht möglicherweise nicht aus, um die Nachfrage zu befriedigen, denn den amerikanischen Händlern liegen bereits weitere 22.000 Bestellungen vor.

In Europa konnte Toyota zwischen Januar und Juni 2004 bereits 3.444 Fahrzeuge absetzen.

Damit übertreffen die Verkaufszahlen des neuen Modells die des Vorgängers bei weitem, von dem im Jahr 2001 gut 2.300 Einheiten verkauft wurden. Angesichts der starken Nachfrage hat Toyota das Verkaufsziel für Europa von 5.000 auf 8.200 Einheiten im Jahr 2004 nach oben korrigiert.

Und ein Abflauen der Hybridbegeisterung ist nicht in Sicht, ganz im Gegenteil. Beinahe jeden Monat, so scheint es, fährt der Prius weitere Preise und Anerkennungen ein. Nach unserer 5.000-Kilometer-Tour überrascht uns das allerdings ganz und gar nicht.

Seit seiner Markteinführung interessieren sich die Juroren zahlreicher nationaler und internationaler Preise für die innovativen Merkmale des Toyota Prius. Der Hybrid Synergy Drive – HSD –, der den Prius so sparsam vorantreibt, wurde mit einem Rekordergebnis zum „International Engine of the Year" gewählt. Darüber hinaus gewann er im selben Jahr in drei Einzelwertungen, darunter die Kategorien „Nied-

Mit 145 PS ist der GT deutlich leistungsstärker als der normale Prius. Neben dem konventionellen Benzinmotor erhielt auch der Elektroantrieb eine Leistungsspritze. Das Fahrwerk wurde bei der Gelegenheit ebenso überarbeitet wie die Front- und Heckpartie aerodynamisch optimiert: Der GT beschleunigt in 8,7 Sekunden auf 100 km/h, während der Serien-Prius für den Sprint 10,9 Sekunden benötigt.

rigster Verbrauch" und „Bester neuer Motor". Der Prius erzielte mit 380 Punkten die bislang höchste Punktzahl in der Geschichte des Wettbewerbs. Doch nicht nur die Techniker überschütten den Prius mit Lob, auch die Umweltverbände loben ihn. Im ADAC Ecotest 2004, der in Zusammenarbeit mit der FIA durchgeführt wird, überzeugte der Prius. Dieser Test ist deshalb so wichtig, weil er Emissionen und Kraftstoffverbrauch der Fahrzeuge unter verschiedenen Bedingungen wie etwa bei schneller Autobahnfahrt und bei eingeschalteter Klimaanlage ermittelt. Der Prius erreichte die niedrigsten Emissionswerte aller Testfahrzeuge und wurde in Sachen Verbrauch nur von Kleinwagen mit Dieselmotor unterboten.

Nun kann man zum Prius und dem Hybridantrieb stehen wie man will: Fakt ist, dass die Erdölvorräte irgendwann erschöpft sein werden. Wie lange das nun noch dauert, spielt keine Rolle: Irgendwann ist es so weit, und lange zuvor wird das Öl zu teuer geworden sein, um es einfach im Motor zu verbrennen. Die Zukunft wird, so sind sich alle Experten einig, der Brennstoffzelle gehören.

Diese wiederum ist noch weit davon entfernt, serienreif zu sein. In zehn Jahren vielleicht werden die erste Fahrzeuge, in Kleinserie produziert, beim Händler stehen. Das allerdings setzt voraus, dass Handel und Tankstellenbetreiber die entsprechende Infrastruktur geschaffen haben. Und dass das bis dahin flächendeckend geschehen sein wird, erscheint eher unwahrscheinlich. Sieht man von der eigentlichen Brennstoffzelle ab so wird der gesamte elektrische Antriebskomplex und die Regelung Eins zu Eins im Brennstoffzellenbereich ein gesetzt.

Der Hybridantrieb ist damit auch die Grundlage für eine spätere Einführung der Brennstoffzelle.

Für die deutschen Hersteller ist der Hybridantrieb – auch aus Kostengründen – kaum ein The-

Noch Zukunftsmusik ist der Alessandro Volta. Diese Studie von Giugiaro auf Toyota-Basis war einer der Stars auf dem Genfer Salon 2004. Der 400-PS-Hybrid wird aber nicht in Serie gehen, beweist aber das Potenzial dieser Technik. Langfristig dürfte jedoch die Brennstoffzelle das Rennen machen, Toyota hat bereits zwei Dutzend Geländewagen in Japan und den USA in der Alltagserprobung. In größeren Stückzahlen läuft dagegen schon der Minivan Alphard, den Toyota in Japan 2003 auf dem Markt brachte. Rund 600 Einheiten pro Monat finden ihre zufriedenen Käufer. Ab 2005 wird Toyota-Tochter Lexus den RX 400h in Deutschland verkaufen.

ma. Sie setzten weiterhin auf die Diesel-Technologie, die auf den Märkten außerhalb Europas allerdings noch keine Rolle spielt.

Die Japaner, allen voran Toyota, haben einen anderen Weg eingeschlagen. Parallel zur Brennstoffzellen- und Dieselentwicklung (das Unternehmen stellte Ende 2003 mit dem Avensis D-CAT den bis dahin saubersten Diesel der Welt vor) treiben sie mit Nachdruck die Hybridentwicklung voran. Damit sind sie gerüstet für die nach 2007 geltenden verschärften Verbrauchs- und Emissionsvorschriften, die auf dem amerikanischen Markt gelten werden: Diese extrem sparsamen und umweltfreundlichen Hybriden verbessern nachhaltig die Flottenbilanz, der sich aus dem Durchschnitt aus den Verbrauchs- und Emissionswerten aller Hersteller errechnet. In den USA sind besonders die Pickups und Geländewagen gefragt, die mit ebenso großvolumigen wie durstigen Benzinern durch die Gegend blubbern.

Damit fällt dem Hybridantrieb in den Überlegung der Japaner eine Schlüsselrolle zu. Toyota will 2005 über 300.000 Hybridfahrzeuge verkaufen und fünf Jahre später in jeder Baureihe – also auch in den für den US-Markt extrem wichtigen Pickup- und Geländewagenreihen – ein Modell mit Hybridantrieb anbieten.

Nach gegenwärtigem Stand ist Toyota der einziger Automobilhersteller überhaupt dazu in der Lage, ein so ambitioniertes Programm zu verwirklichen

Die ersten Versuche begannen irgendwann Ende der 1960er Jahre, seit 1997 bot das Unternehmen dann den Prius der ersten Generation an. Weltweit wurde dieser rund 120.000 mal verkauft. Diese erste Prius waren voll ausgereift und alltagstauglich, allerdings kein kommerzieller Erfolg, auch in Deutschland nahm man kaum Notiz von ihm. Das hat sich mit dem Prius II hoffentlich geändert. Er hat es auch verdient – wie die „Prius Challenege Tour 2004" bewiesen hat.

Anhang

Ein kleines Brevier zum erfolgreichen Fahren

- Den besten Verbrauch erzielt man, wenn der Benzinmotor ruht.

- Der Elektromotor kann alleine Geschwindigkeiten bis zu 60 km/h erreichen

- Bei Geschwindigkeiten von unter 50 kann dazu der EV Modus vorgewählt werden

- Sollte der Ladezustand der Batterie einen kritischen Wert erreichen, so stellt das kein Problem dar, da das System immer den Leistungszustand überwacht und falls nötig in sehr kurzer Zeit nachlädt.

- Besteht keine Möglichkeit im rein elektrischen Modus zu fahren, sollte man auch hier den E-Motor und die Batterie gespeicherte Energie zu Hilfe nehmen

- Praktisch heißt das: Starkes Beschleunigen bis zur gewünschten Geschwindigkeit, dann Fuß vom Gas und mit konstanter Geschwindigkeit weiterfahren.

- Die Einsparung kommt hier zur Stande, weil ein wesentlicher Teil der Leistung (bis zu 40 PS) aus der Batterie stammt und diese meist bereits nur durch das Bremsen wieder nachgeladen wird. Diese Leistung würde üblicherweise beim Bremsen durch Reibung in Wärme verwandelt. Durch das regenerative Bremssystem des Prius steht sie uns hier kostenlos als elektrische Energie zu Verfügung.

- Da der Verbrennungsmotor immer ausgeschaltet wird, wenn er nicht gebraucht wird, sollte man immer darauf achten, den Fuß vom Gas zu nehmen, wenn man voraussieht, dass keine Leistung mehr gebraucht wird (Bergab Fahrt, Annäherung an eine Ampel, Schubbetrieb auf der Autobahn)

- Hier wird nicht nur kein Kraftstoff verbraucht, sondern wieder über den Elektromotor die Batterie geladen.

- Der dosierte Gasfuß und das Einhalten der Richtgeschwindigkeit ist beim Prius besonders wichtig. Hier können Verbrauchseinsparungen von bis zu 50 % erzielt werden.